원자력과
방사성폐기물

원자력과 방사성폐기물

초판 1쇄 발행 2017년 10월 1일
초판 2쇄 발행 2018년 10월 10일

지 은 이 박정균
발 행 인 권선복
편   집 심현우
디 자 인 서보미
전 자 책 천훈민
삽   화 박한결
발 행 처 도서출판 행복에너지
출판등록 제315-2011-000035호
주   소 (07679) 서울특별시 강서구 화곡로 232
전   화 0505-613-6133
팩   스 0303-0799-1560
홈페이지 www.happybook.or.kr
이 메 일 ksbdata@daum.net

값 20,000원
ISBN 979-11-5602-522-1 (93550)

Copyright ⓒ 박정균, 2018

도서출판 행복에너지는 독자 여러분의 아이디어와 원고 투고를 기다립니다. 책으로 만들기를 원하는 콘텐츠가 있으신 분은 이메일이나 홈페이지를 통해 간단한 기획서와 기획의도, 연락처 등을 보내주십시오. 행복에너지의 문은 언제나 활짝 열려 있습니다.

번영과 파국의 방정식
해법을 찾아서

일반인을 위한 원자력과
방사성폐기물의 속성과
한국의 현실 진단

원자력과
방사성
폐기물

박정균 지음

Contents

3. 방사성폐기물의 발생원별 특성

4. 방사성폐기물 처리

5. 원자력 사고와 영향

6. 방사성폐기물 처분

Intro

1) 이 책은 방사성폐기물 전반에 관한 일반인들의 이해를 돕기 위한 개념적 서술이기 때문에, 세부적인 내용이나 결과가 공식적인 문서나 보고서와는 상이한 부분이 있다. 전문적인 내용은 참고문헌을 통해 보완되기를 기대한다.

2) 본문 내용과 연관된 저자의 개인 경험이나 의견 등을 휴게실 방담으로 실었다. 휴게실에서 차 한잔 마시며 부담 없이 하는 가벼운 이야깃거리이다. 교과서적인 내용만 필요한 독자들은 휴게실 방담은 건너뛰고, 각자 취향과 독서 목적에 맞게 취사선택하면 되겠다.

3) 참고문헌이나 인용은 해당본문의 대괄호 안에 번호 [1.1] 형식으로 넣고, 책 뒷부분 참고문헌란에 각 장별로 정리하였다. 필요한 경우에는 본문에서 직접 참고문헌을 제시하였다. 원자력연구원 내 내부망 자료에서 많은 부분을 참고하였으나, 일반인이 접근할 수 없는 자료인 관계로 구체적인 자료표시를 하지 않았다. 대신 관련 연구보고서나 단행본이 있을 경우 표시하였다.

1

들어가며

1.1
왜 이 글을 쓰는가

먼 옛날 원시 이래로 인간들이 살아온 방식을 비교해 볼 때, 지금 우리가 살고 있는 시대를 과학기술문명의 시대라 규정할 수 있겠다. 특히 최근 100년간 과학기술의 발전은 급격히 가속되기까지 했다. 그 대표적인 기술 중 하나로 원자력을 들 수 있을 텐데, 원자력은 인류가 가장 무서워하면서도 활용도가 계속 늘어나고 있는, 이중적이고 역설적인 기술이다. 그래서 원자력 사용에 대해 찬반으로 나뉘는 사회적 갈등도 계속 커지고 있다.

지인들과 원자력이나 방사성폐기물에 대해 이야기를 나누다 보면, 원자력에 대해 너무 모르거나 과장된 정보와 인식을 가지고 있는 경우가 많다. 일반인들이 원자력에 대해 쉽게 접근할 수 있는 정보들을 모아 보면 뚜렷하게 대척되는 두 갈래가 있다. 하나는 반핵 쪽 의견으로서 원자력발전은 핵폭탄과 마찬가지로 인류를 죽음으로 몰아넣을 죽음의 산업이기 때문에 하루빨리 없애 버려야 할 현대인의 과제라는 의견이다. 방사성폐기물도 도저히 해법이 없는 안전핀 빠진 수류탄 같은 존재다. 반대로 원자력 산업계 의견은 인류를 구원할 희망의 자원이다. 석탄, 석유 같은 화석연료를 사용한 전기 생산으로 인류는 지구가 감당 못 할 엄청난 양의 이산화탄소를 생산해 지구온난화를 초래하고 있는 상황에서, 원자력은 고갈되는 에너지원의 소모를 줄여 자원고갈을 해결해주고 기후변화를 막을 가장 훌륭한 에너지원이다. 많은 사람들이 원자력의 위험성을 말하지만 다른 산업이나 위험요소와 비교해 보면 결코 위험도가 더 높지 않다.

어느 쪽 주장이 맞는 걸까? 양쪽 다 사실에 근거하되 자신의 입장에서 확대·과장된 서술일까? 일반인은 갈피를 잡기가 참 어렵다. 아는 것이 힘이고, 아는 만큼 보인다고 한다. 결국 많은 사람이 원자력과 방사성폐기물에 대해 잘 알게 되면, 서로 토론이 깊어지고 건설적인 대의도 모아질 수 있으리라 기대한다. 이런 입장에서 일반인들이 쉽게 이해할 수 있는 원자력과 방사성폐기물에 관한 전반적인 내용을 다루고자 한다. 그중 원자력발전에 대한 내용은 이미 발간된 책들이 상당수 있으므로, 여기서는 원전사고와 방사성폐기물 발생원 관점에서 살펴보고자 한다. 주된 흐름은 방사성폐기물이다. 그래서 방사성폐기물은 어떻게 발생되고, 물리·화학적 특성은 어떠한지, 방사선이 인체에 미치는 영향은 어떤지, 발생한 방사성폐기물은 어떻게 관리하는지, 최종적으로는 땅속에 묻으면 땅속에서는 어떤 일이 일어날지 등을 이야기할 것이다.

또 한 가지 이 글을 쓰는 현실적 이유는 우리나라 사람들에게 낯설게만 느껴지던 방사성물질들이 어느 순간부터 일상생활에 접점이 생기기 시작했고, 바로 내 앞에 나타나 놀라는 사람들이 생겨나기 때문에, 이들을 위한 방사성물질 안내서가 필요하다는 생각이 들어서다. 시야를 확장해 국가적인 차원에서 볼 때도, 향후 개인의 삶에 큰 영향을 끼칠 원자력 산업과 방사성폐기물 정책이 국가 과제로 등장했는데 몰라서 외면하거나, 한 가지 정보만 가지고 있을 때는 합리적인 의견을 피력할 수 없기 때문이다. 1978년 고리발전소를 시작으로 우리나라에서 원자력발전을 시작한 지 40년이 다 되어 원자력발전소가 하나둘 수명을 다해 가고 있다. 수명연장을 해야 할지, 신규 발전소를 더 지어야 할지, 원자력을 폐기해야 할지, 전환점에 와 있다. 또한, 원자력발전을 하고 난 후 나오는 사용후핵연료가 늘어남에 따라 이를 어떻게 관리해야 할지 국가정책을 세워 사업을 추진해 나가야 할 시점이 도래했다. 이 문제는 지자체와 지역민의 이해관계가 철저히 갈릴 수 있고, 국민의 이해와 관심, 합리적 토론과 의사결정이 무엇보다도 절실히 요구되는 과제이다. 내 집 앞마당에 무슨 일이 일어날지에만 관심을 기울이지 말고, 국가 차원에서 우리가 국민으로서 해야 할 일이 무엇일지 판단하기 위해서도 관련 정보들이 내 손안에서 이해되어야만 건설적인 여론 형성이 가능하다. 이를 위해 한국에서 원자력의 이용분야, 방사성폐기물의 발생과 저장, 관리실태, 현안문제, 해결해야 할 과제 등을 가볍게 정리하고자 한다.

이상의 의도로 글을 쓰지만, 원자력은 그 자체만을 이해하고 논의해서는 바람직한 해답을 도출하기 어렵다. 방사성물질 특성

이해에서 나아가 정치·경제적인 환경과 배경을 고려해야 한다. 방사성폐기물은 원자력산업과 직접적으로 연결되어 있고, 국가 에너지와 산업체제 개편에 영향을 주고받는다. 더 나아가, 국제 정치·경제 일선에서도 중요한 항목으로 작용하기도 한다. 그래서 이런 주제도 가볍게나마 연관된 것을 언급할 예정이다.

이들 각 주제에 대해 이미 전문적인 좋은 자료들이 있지만, 일반인들이 부담 없이 읽기에 적당한 자료는 흔치 않다. 이런 필요에 의해 전문적인 내용을 씨줄로 삼고, 그동안 방사성폐기물을 다루고 연구하면서 좌충우돌 씨름했던 개인적인 체험들을 날줄 삼아 부담 없이 읽을 수 있는 내용으로 엮어 보려고 한다. "방사성폐기물"은 앞으로 워낙 많이 쓰는 용어가 될 터라 가끔은 "방폐물"로 줄여서 쓸 것이다. 방사성폐기물에 관련된 내용이 이 책의 주된 흐름이지만, 일반인들이 피부로 느끼는 것은 후쿠시마 사고 이후로 방사성물질에 오염된 환경과 먹을거리 문제가 당장 튀어나오는 관심거리이다. 그래서 원자력 관련 사고와 그 후유증도 건강 관련 문제 중심으로 다루었다. 방사성폐기물을 다루면서 생겨났던 여러 가지 개인적인 체험들도 삽입하다 보니 내용이 산만해지는 단점도 생기지만, 소설책 읽듯 가볍게 읽으면서 원자력에 대한 전반적인 기초지식과 인식을 기대하고, 부족한 부분은 좀 더 전문적인 책을 찾게 되는 동기가 되길 기대한다.

1.2
공포는 어디에서 오는가

우리는 어릴 때 처음 배우는 공포스러운 존재가 귀신이다. 방송에서도 여름이면 납량특집으로 공포영화를 꼭 방영하며 대부분은 귀신이 그 공포의 대상이다. 그런데, 귀신은 왜 무서울까? 사람들이 느끼는 위험과 이로 인한 무서움의 크기는 끔찍한 결과, 모르는 정도, 위험에 노출된 사람의 수에 비례한다고 한다. 이 중에서도 귀신이 공포스러운 것은 잘 모르는 존재, 정체를 알 수 없는 존재이기 때문일 것이다. 그래서 무엇을 어떻게 대처해야 할지 몰라 공포에 떨며 오그라든다. 그런데 흥미롭게도 서구인들의 귀신에 대한 태도는 우리나라 사람들과는 조금 다르다. 우리가 귀신에게 정서적으로 접근하며 귀신을 만나는 사람과의 원한과 애증의 관계 속에서 문제를 풀어간다면, 서구인들은 분석적이다. 예를 들어 드라큘라는 십자가, 마늘을 무서워하며 낮에는 관에 들어가 잠을 자니, 이때 쳐들어가 가슴에 못을 박으면 죽는다는 것이다. 상당히 도전적이다. 이런 미지의 대상물에 대한 접근방식의 차이가 18세기 산업혁명 이후 서구가 동양을 앞지르며 세계를 지배한 원동력이 아닐까 생각해 본다.

원자력도 우리에게 귀신만큼, 아니 그보다 더 무서운 양상으로 다가왔다. 처음 일반인에게 출현한 원자력은 가공할 파괴력으로 도시 하나를 통째로 날려 버렸다. 원자폭탄 앞에 한 인간이 대처할 방법이 없다. 고스란히 당하는 수밖에. 앞서 얘기한 공포의 3요소, 끔찍한 결과, 위험에 노출된 사람의 수, 모르는 정도, 모두에서 인간이 경험할 수 있는 최대치를 겪게 해 주었다. 그래서 원자력에 대한 공포가 우리 안에 자리 잡아 버린 것이다. 그런데, 현재 21세기를 살아가는 일반인은 원자력에 대해 얼마나 알까? 유감스럽게도 잘 모른다. 일반에서는 원자력을 고도의 전문분야로 인식하여 고립된 전문인들의 성으로 존재하여 왔고 일반인들은 심리적으로 멀리 떨어져 살았다. 국내 원자력 이슈로는 원자력 발전소 건설과 관련된 문제들과 원전 운영으로 야기되는 환경오염문제가 있었다. 예를 들면 1994년 안면도, 2003년 부안에 방사성폐기물 처분시설을 건설하려는 정부와 이를 반대하는 지역주민 간 첨예한 갈등이 있었지만, 이에 연루되지 않은 일반인들은 심각하게 받아들이지 않았고, 원자력 관련 문제에 큰 관심을 두지 않았다. 그러다가 1986년 체르노빌 사고로 우리 집 문 앞에, 2011년 후쿠시마 원전 사고로 갑자기 우리 식탁 위에 방사능 오염문제가 올라와 버렸다. 이제, 한국과 한국인은 원자력 문제에 관해 아주 민감한 국가이고 국민이라고 할 수 있다.

1.3
위험의 정량적 지표

"원자력은 위험하다."라고 이야기하면 일반인들은 불안해질 것이다. 그런데, 어떤 전문가가 나와서 "원자력은 불안요소가 아주 적다."라고 이야기해도 불안감은 사라지지 않을 것이다. 위험의 가능성이 99%라면 당연히 위험하고, 단지 0.1%라고 해도 위험을 느끼는 건 마찬가지다. 구체적인 예를 두 가지 들어보자. 사례에서 정량적인 방사능과 방사선 단위 값들이 나와 혼란스럽겠지만 가볍게 넘기고, 2장에서 자세한 정의를 알고 난 후, 다시 살펴보는 것을 추천한다.

2012년 8월에 민간 환경단체에서 일동후디스 산양분유의 방사능 오염여부를 조선대학교에 분석 의뢰하였는데, 일부 시료에서 세슘$^{Cs-137}$이 0.391베크렐$^{Bq/kg}$ 검출되었다. 이 정도 방사선준위는 자연배경준위 수준으로 해석할 수 있지만, 일반 국민은 유아에게 먹이는 분유에 조금이라도 방사능이 함유된 제품을 먹일 수 없다고 반발하고 불매운동을 전개하여 산양분유가 거의 폐사

원자력과 방사성폐기물

수준까지 이르렀다. 방사성물질을 많이 다루는 원자력 관련 종사자들 입장에서는 이 상황이 아주 곤혹스러운데 왜냐면, 아무 공산 제품이나 수거하여 방사능 측정을 하면 한두 개에서 이런 농도 이상이 나올 가능성이 충분히 있기 때문이다. 극 저준위이므로 측정기의 오차 한계에 기인할 수도 있고, 제품에 자연 방사능 물질이 들어 있을 수도 있다.

두 번째 예로, 2011년 11월에 서울 노원구 월계동 주택가 도로에서 방사성 세슘이 검출되어 주민들의 강력한 항의가 일어났다. 환경운동연합에서 측정한 방사선량 값이 2.5μSv/h, 원자력안전기술원에서 측정한 자료가 1.4μSv/h였다. 이 양은 얼마나 위험한 양일까? 매일 한 시간 동안 이 도로에서 방사선이 가장 센 곳에 서 있다 가정하고 피폭량을 계산하면 연간 약 0.5mSv가 나온다. 법적 허용치는 연간 1mSv이다. 도로에 한 시간 동안 매일 서 있을 가능성도 없고, 결과치도 허용치 이하이므로 안전하다고 전문가들이 주민들을 설득하려고 했지만 허사였다. 지역주민들은 방사성물질이 주위에 있다는 사실 자체에서 공포를 느낀 것이다. 0.001%라도 있으면 꺼려지는 게 사람의 마음이다. 아이들을 방사선 피폭을 받으며 등하교시키고 싶지 않은 부모의 마음을 이길 순 없었다. 결국 당국은 이 아스팔트를 모두 걷어내어 경주 처분시설에 보냈는데 그 양이 엄청났다. 원자력 관계자들의 마음에는 아주 값비싸게 건설한 처분시설에 이렇게 의미 없는 폐기물을 가득 채워야 하나 회의감이 가득 찼다.

이제 정반대의 세계로 들어가 보자. 인체에는 칼륨이 상당량 들어있다. 이들 중에는 방사성동위원소인 K-40이 0.01% 정도 있다. 자연에서 생성된 방사성동위원소다. 60kg 성인 기준으로 0.012그램 들어있고, 방사능 세기는 3,600베크렐^{Bq} 수준이다. 우리는 몸 내부에서 칼륨만으로도 매초 3,600베크렐 이상의 방사선을 받는 것이다.

이제 우리 몸 밖 환경에 눈을 돌려보자. 암석이나 토양에는 자연방사성물질이 들어있다. 이 중에서 인간에게 가장 영향을 크게 주는 것이 라돈기체다. 지하에 시설을 건설하면 암석과 토양에 갇혀있던 라돈기체가 스며 나온다. 당연히 지상보다 지하에는 라돈 농도가 높다. 그래서 지하시설에서는 환기가 중요하다. 2010년 수도권 지하철에서 라돈농도를 조사한 결과 평균 30bq/m^{3}이었다. 지상 공기 중 평균 라돈 방사선량은 2Bq/m^{3}이다. 지상에서 라돈에 의한 인체 피폭량이 연간 1mSv이다. 즉, 우리는 의식하지도 못한 채, 딱 연간 허용치 수준으로 라돈 피폭을 당하고 있다. 지하시설에서 상가를 운영하시는 분들이 라돈에 의해 받는 피폭량은 월계동 주민들이 오염된 도로를 지나다니면서 받는 피폭량보다 엄청나게 많다. 그런데, 실제 지하 환경에서 건강에 영향을 미치는 정도는 라돈보다 미세먼지와 이산화탄소^{CO_2}가 더 크다. 이런 이유로 지하시설에서는 환기와 공기정화가 아주 중요하다.

앞의 두 사례와 같은 일들은 앞으로도 계속 발생할 가능성이

원자력과 방사성폐기물

많다. 체르노빌 원자력발전소 폭발사고와 일본 후쿠시마 원자력발전소 사고 여파로 먹을거리의 방사능 오염 여부에 대한 국민의 우려는 일상의 근심거리가 되고, 원자력이나 방사능 오염에 관련된 것은 무조건 회피하는 태도가 형성되었다. 하지만, 인간이 살아가는 환경은 자연방사선으로 인해 태초부터 방사선과 함께 살아온 환경이었다. 단지 우리가 인식하지 못하고 살아왔을 뿐이다.

표 1.1
사람들이 생각하는 위험 순위

순위	일반인	전문가	위험의 크기
1	원자력	자동차	30
2	자동차		
3	총	유람선	5
4	흡연	비행기	1
5	오토바이	벼락	0.4
6	술		
7	비행기	원자력	

원자력이 얼마나 위험한지, 이제 다른 부문과 비교하면서 알아보자. 표 1.1에 사람들이 생각하는 위험순위를 나열하였다. 일반인들에겐 역시나 원자력이 가장 위험한 것으로 인식되었다. 그런데, 전문가 집단을 보면 원자력은 한참 아래다. 사망자 수나 사고빈도 등 여러 가지 통계자료에 근거한 순위이다. 전문가들

이 통계자료에 근거해 가장 위험하다고 판단한 자동차는 얼마나 위험할까? 표 1.2에 우리나라에서 년도별 자동차 사고 건수와 사망자 수를 정리해 놓았다.

매년 자동차 사고로 6,000명 이상이 사망하고, 30만 명 이상이 부상을 당한다. 사람들은 자동차가 위험한 걸 인식하고 있고 아침에 차 조심하라는 인사는 하지만 차를 이 사회에서 추방하자는 운동단체는 없다. 만약에 원전운전으로 자동차 사고의 1%, 한두 해 동안 60명이 사망하고 3,000명이 부상당한다면 어떻게 될까? 즉시, 폐로 조치를 온 국민이 요구할 것이다. 자동차란 이 흉포한 괴물 앞에서 인간이 여유로운 건 우리가 자동차를 잘 알고 있고 잘 조정할 수 있다고 생각하기 때문이다.

대부분은 자동차를 별 무서워하지 않는다. 자동차 전용도로 무단횡단, 차는 곁눈으로 보고 핸드폰 보며 횡단보도 건너기 등 자동차를 아예 무시하는 행동을 스스럼없이 하는 걸 보면 자동차를 무서워하거나 공포스럽게 느끼지 않는다는 것을 쉽게 알 수 있다. 우리가 새롭게 명심해야 할 것은 위험물은 그 실체를 정확히 인식하고 관리를 체계적으로 해야 하며 항상 방심해서는 안 된다는 점이다.

원자력이나 방사성폐기물은 위험한가? 간단하게 답해보자. 위험하다. 그럼 얼마나 위험할까? 앞에서 몇 가지 예를 들어 설명했지만, 여기서부터 이야기가 복잡해지기 시작한다.

원자력과 방사성폐기물

표 1.2

연도	발생건수	사망자 수	10만명당 사망자 수	차1만대당 사망자 수	부상자 수	10만 명당 부상자 수	차1만 대당 부상자 수
2006	213,745	6,327	13.0	3.2	340,229	702	175
2005	214,171	6,376	13.2	4.0	342,233	709	200
2004	220,755	6,563	13.6	3.9	346,987	720	208
2003	240,832	7,212	15.1	4.4	376,503	787	231
2002	231,026	7,222	15.2	4.6	348,149	731	222
2001	260,579	8,097	17.1	5.5	386,539	816	265

　　전문가들과 일반인 사이에 상반되는 인식으로 해결하기 어려운 골이 형성되는 이유는 무엇인가? 여러 가지 해석이 가능하겠지만, 앞서 이야기한 대로 미지의 대상에 대한 인간의 본질적 불안감이 가장 큰 요인일 것이다. 자동차는 위험요소가 아주 높음에도 자동차를 추방하려는 사람은 거의 없다. 자동차를 잘 알고 잘 다룰 수 있다고 생각하기 때문이다. 다음으로는, 특히 한국에서 강하게 드러나는데, 정부나 원자력 관계자들에 대한 불신이다. 한국은 국가주도 산업화 시대를 거치면서 여러 가지로 지역민들과 갈등을 겪었다. 산업단지, 공해문제, 송전탑, 군부대부지 등의 문제에 지역주민이 일방적으로 강요와 수용을 당하는 입장이었기 때문에 자연스럽게 불신이 체화된 것으로 여겨진다.

1.4
위험사회에서 삶의 방식

후쿠시마 원전사고가 한국에서도 일어난다고 보고, 정부의 무능한 재난수습 시스템을 꼬집으며 원전 폭발사고란 최대 재난을 그린 영화 '판도라'가 상영되면서 많은 사람이 원전 위험성에 대해서 더욱 불안감을 느끼게 되었다. 원자력 발전을 어떻게 평가해야 할지, 지금 무엇을 해야 할지는 천천히 이 책을 통해 이야기를 진행해 나가기로 하고, 우선, 먼 옛날 인류가 처음 경험한 공포가 무엇일까 생각해보자. 공룡, 폭우, 번개, 강추위 등등. 불은 어떨까? 대형 산불이 일어나면 온 사방을 새카맣게 태워 없애 버린다. 사람을 위협하던 공룡도, 호랑이도 별수 없다. 그러다 어느 순간부터 인류는 불을 자세히 관찰하면서 공포의 대상에서 인간이 사용할 수 있는 도구로 시도해 보기 시작했다. 그것이 인간이 동물계에서 뛰쳐나와 문명을 이루게 된 도약점이 되었다. 초기에는 불을 가지고 추위를 해결하고 음식을 익혀 먹는 수준에서, 수만 년이 지나 근대에는 불로 물을 데우고 그 뜨거워진 물로 증기기관을 움직여 산업혁명의 동력을 만들어냈다. 나아가 그 뜨거운 물로 19세기 말에는 전기를 생산해 현대문명을 이뤄냈다. 이제 인간은 불을 완전히 이해하고 있다. 불은 유기물이 산소와 급격히 반응하면서 내는 열이다. 그러므로 산소를 차단하면 불은 꺼진다. 이제 인간은 불을 마음대로 조절할 수 있다. 그러나 아직도 불은 인간에게 한 번씩 큰 피해를 입힌다. 그렇다고 인간은 불을 피하지 않으며, 관리소홀, 부주의가 원인이라고 진단한다. 인간은 그런 방식으로 진화해 왔다. 위험과 유익함을 동시에 지닌 대상을 발견하면, 그것을 멀리하지 않고 계속 다루면서 다치고 죽으면서도 발전을 일구어냈다. 위험을 줄이고 유익을 증대시키는 시도를 지치지 않고 한다. 이것이 인간이 살아온 역사다.

그럼, 원자력은 어떻게 취급해야 하나? 원자력은 20세기 인류가 찾아낸 새로운 불이다. 이제 이 새로운 불을 어느 정도 마음대로 다룰 정도로 익숙해졌다. 그러나 이 불은 지극히 조심해야 한다. 왜냐면 엄청난 에너지가 응축된 불이라 조금만 잘못 다루면 큰 재앙을 불러올 수 있기 때문이다. 그래서 보통 관리가 아니라 초특급의 관리, 삼중, 사중의 관리가 필요하다. 원자력은 현대과학의 총아며, 현대과학의 모든 분야가 모여 만드는 종합과학기술이다. 즉, 원자력은 인간이 모든 역량을 동원해 잘 다루면 우리에게 새로운 문명을 건설할 동력으로 작용할 수 있다. 하지만 잘 알 듯하다가도 도저히 이해되지 않는 인간은 스스로를 단번에 멸망시킬 수 있는 원자폭탄을 개발하려 애쓰고 있고,

현대과학의 총아라 자부하던 원자력발전소의 예기치 않은 곳에서 전혀 예상하지 못했던 원인으로 인해 대형 사고가 터진다. 1986년 체르노빌 사고를 겪으며 울리히 벡은 『위험사회Risk society』를 저술하였다. 그의 진단에 따르면 인류의 근대화·도시화 과정은 다른 측면에서 위험의 고도화 과정이다. 대량생산은 대량 공해를 낳고, 대형항공기는 대형 사고를 태우고 난다. 위험은 성공한 근대가 초래한 딜레마다. 산업사회가 발전할수록, 인류가 풍요로워질수록 위험요소도 따라 증가한다.

자, 그럼 우리는 이제 어떻게 해야 하는가. 자연주의 운동공동체인 애미쉬나 메노나이트들처럼 다시 산업혁명 이전의 문화로 돌아가야 하나. 원자력발전은 포기해야 하나. 원자력발전소가 폭발할 위험은 없는가, 내진설계, 다중방벽장치 등으로 안전하다는데 얼마만큼 안전해야 진짜로 안전한 건가, 역으로 얼마나 위험해야 진짜 위험한 건가. 이런 문제의식을 가지고 원자력과 방사성폐기물을 한번 들여다보자.

원자력과 방사성폐기물

휴게실에서 차 한잔 나누면서 원자력이나 방사성폐기물에 대한 가벼운 이야기를 나누기 위해 이 코너를 만들었다. 첫 이야기는 동양철학 관점에서 원자력의 특성을 묘사해 보려고 한다.

우리가 익히 잘 아는 동양철학의 관점 중 하나가 음양오행陰陽五行 사상과 통합적 사고다. 그래서 한 분야 이론을 모든 분야에 확장 적용한다. 음양오행은 세상의 관계와 변화를 설명하는 철학 이론이면서, 한의학적 치료원리와 오장육부 관계 설정, 처방방편으로 적용한다. 휴게실에서 차 한잔 마시면서, 원자력이나 방사성폐기물에도 이 원리를 적용해 보면 어떨까 생각해 본다. 유사과학이라고 비난할 분들도 계시겠지만, 적어도 원자력을 재미있게 이해하고 오래 기억하는 데에는 유용하리라 생각된다.

원자력은 기본적으로 불火이다. 불은 뜨겁고 폭발하려는 성질이 강하니 잘 다뤄야 한다. 이 불을 잘 제어하려면, 불기운의 상극이자 음양으로 서로 엮이는 물水을 잘 활용해야 한다. 음양은 서로 잘 엮이면 생산적이다. 그래서 원자력 발전소에서는 1차 냉각수를 뜨거운 원자로 불 안에 넣어 데우고 이 열로 전기를 생산한다. 2, 3차 냉각수는 남아있는 뜨거운 불을 식히는 데 쓴다. 불을 뿜고 난 사용후핵연료는 아직도 속에 불씨가 많이 남아 있으니, 물 저장조에 넣어 재운다.

원자력발전 부산물로 생기는 방사성폐기물은 여러 가지로 움직이지 못하게 고체로 만든 후, 최종적으로 관 같은 처분용기에 넣고 땅속에 묻어버린다. 그런데, 땅속에서는 물이 이 통 속에 갇혀있는 불을 꺼내기 위해 갖은 노력을 다한다. 음양이 서로 당기는 원리다. 땅속의 물지하수은 무덤으로 스며들어와 야금야금 용기를 부식시키고, 폐기물 고화체를 녹여 불씨인 방사성 핵종들을 하나씩 데리고 나간다. 어디로 가나? 불씨를 살리기 위해서 상생인 목초기운이 충만한 지상의 숲으로 데리고 간다. 희한한 일이다. 땅에 물을 부으면 밑으로 꺼지는데, 땅속 물은 위로 치솟다니. 이제 나무와 식물들이 이들을 빨아들인다. 이제 흙으로 빚은 인간이 이 불씨를 취하면 문제가 생기기 시작한다.

동양철학의 관점에서 우주변화의 원리를 한 장으로 요약해 그림이나 상징으로 표현하면 어떻게 될까. 바로 이렇게 탄생한 것이 태극기다. 다른 나라도 우주의 철학적 의미를 담아 만들어낸 국기가 있을까? 왕권이나 종교적 상징이 많고, 자유, 평등, 박애 같은 형이상학적 개념을 색으로 표현한 경우가 대부분이다. 태극기와 유사한 의미를 담은 국기는 파악되지 않는다. 태극기 중앙에는 음양이 정적으로 양분되어 존재하지 않고 음양이 역동적으로 움직이는 태극이 들어있다. 극양에는 양이 성하지만 이미

원자력과 방사성폐기물

음이 들어가 있고 극음에도 양이 자라고 있다. 극양에 양만 가
득 존재한다면 터지고 만다. 후쿠시마 사고도 태평양 큰 물이
소양少陽이 오순도순 살고 있는 방앗간을 덮치면서 일어났다. 원
자로 불과 냉각수 물이 서로 잘 어울리게 해야 하는데, 큰 물이
작은 물인 냉각수를 꼼짝 못하게 잡아버리니 원자로 불이 물 없
는 극양이 되어 터져버린 것이다.

　어이없는 해석이라고 볼 사람도 있겠지만, 원래 신화나 전설
은 허무맹랑한 이야기가 가득하다. 그러나 그 안에 숨겨진 진실
이 있고, 이를 찾아내는 것이 우리들의 해석 역량이듯이, 원자
력이나 관련사고도 서로 상극 상보 관계를 잘 이용하는 물관리
가 얼마나 중요한가를 이야기를 통해 우리 의식에 자리 잡아보
고자 하는 시도이다.

　앞으로 원자력과 방폐물을 설명하면서 주변적인 이야기를 휴
게실에서 하나씩 풀어놓으려고 한다. 차 한잔 마시며 가볍게 담
소하듯 휴게실 방담을 들어주었으면 좋겠다. 차를 다 마셨으면
이제 장소를 바꿔서 본격적으로 방사성물질에 관한 이야기를
시작해 보자.

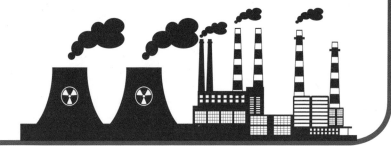

2

방사성물질의
성질과 건강

2.1
방사성물질의 특성

방사성물질이란

원자는 원자핵과 그 주위를 도는 전자로 이루어지는데 원자핵은 또 전기적으로 양성인 양성자와 중성인 중성자로 구성되어 있다그림 2.1참조. 궤도를 도는 전자는 양성자와 같은 수와 전하를 가져 전기적으로 원소가 중성을 띄게 만든다. 양성자나 전자 수에 따라 원자의 물리화학적 성질이 결정되므로 원자번호는 이 수를 기준으로 정한다. 그런데 같은 원소, 즉 전자와 양성자수가 같더라도 중성자 수가 달라 원자의 무게가 다른 것들이 존재한다. 이들을 동위원소라고 한다. 그런데, 이들 중 에너지 상태가 불안정해 안정적으로 존재하지 못하고 에너지를 내면서 다른 원소로 붕괴해 버리는 것들이 있다. 이들을 방사성동위원소放射性同位元素, radioisotope라고 한다. 방사능放射能, radioactivity이란 불안정한 원자핵이 안정해지기 위해 다른 원자핵으로 핵붕괴를 하는 성질을 뜻한다. 한편, 조금 다른 개념으로 방사선放射線, radiation이란 원

원자력과 방사성폐기물

자나 원자핵이 방출하는 입자나 전자기파의 흐름을 일컫는다. 실용적으로는 이 전자기파가 공기를 전리시킬 수 있는 능력을 의미한다. 방사능의 세기는 단위시간당 발생하는 핵변환율로 나타내며, 단위로 베크렐^{Bq}을 쓰는데 1초당 1개 방사능 붕괴를 하면 1베크렐이다. 이전에는 큐리^{Ci}를 사용했는데 라듐$^{Ra-226}$ 1g의 방사능 세기로서, 두 단위 간 관계는 $1Ci = 3.7 \times 10^{10}Bq$이다. Ra-226은 라듐원소로 질량이 226이란 뜻이다. 학술논문에서는 ^{226}Ra로 많이 표기한다.

천연으로 자연에 존재하는 동위원소는 340여 개이고, 이 중 70개가량이 방사성핵종이다. 원자번호가 82인 납보다 무거운 원소는 에너지 상태가 불안정한 까닭에 모두 방사선을 방출한다. 자연에선 원자번호 92번 우라늄이 가장 무거운 원소이나, 가속기를 사용해 현대판 연금술로 106번 원소까지 만들어 내었고, 인공동위원소나 방사성핵종들도 계속 증가하고 있다. 지금도 새로운 원소를 만들어 내기 위해 물리학자들은 가속기를 열심히 돌리고 있다. 방사성핵종은 1,700여 개가 있다. 그러나 인공원소는 원자핵이 불안정한 까닭에 대부분 순간적으로 붕괴해 소멸하고 만다.

그림 2.1
원자모형구조와 방사선별 투과 특성

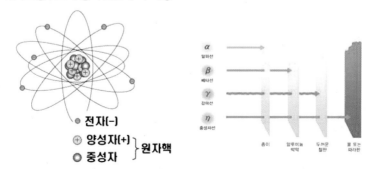

방사선의 종류와 특성

방사성물질이란 에너지가 높거나 불안정한 핵이 자발적으로 에너지를 방출함으로써 안정한 핵종으로 변하는 물질인데, 이때 방출하는 에너지 종류에 따라 몇 가지로 나눌 수 있다. 이들 물질은 전자파의 일종인 감마선이나, 입자인 알파선, 베타선, 중성자를 방출한다. 방사선에 X선, 전파, 자외선 등도 포함된다. 이들의 투과특성을 앞 페이지 그림 2.1에 실었다. 알파선은 헬륨입자의 흐름이다. 방사선 중 가장 무거워 종이 한 장도 제대로 뚫고 나가지 못하지만 덩치만큼 에너지가 크기 때문에 피폭되면 그 영향이 크다. 베타선은 전자의 흐름으로 알파에 비해 작고 가벼워 투과력이 좀 더 크고 종이 정도는 뚫고 나가는데, 알루미늄 호일 같은 얇은 금속판에는 막힌다. 에너지는 덩치가 작은 만큼 약하다. 감마선은 전자파의 일종으로 물질을 잘 투과해, 밀도가 높은 납이나 콘크리트 등으로 차폐한다. 그러므로 감마선을 내는 핵종이 내 주위에 있으면 가장 위험하고, 베타, 알파선은 큰 영향을 주지 않으나, 인체에 흡입했을 경우에는 알파입자가 가장 무겁고 전리력이 강하므로 위험하다.

방사성물질의 특성 중 하나가 핵종별로 수명이 있다는 점이다. 방사성핵종은 불안정한 핵이 에너지를 방출하면서 붕괴되면 그 양이 시간이 흐름에 따라 계속 줄어들게 된다. 최종적으로는 모두 안정한 핵이 되어 더는 방사선이 나오지 않게 된다. 이같이 방사성핵종이 붕괴되어 방사능이 반으로 줄어드는 시간을 반감기라고 한다. 그림 2.2에서 반감기 개념을 도식화하였다. 원 안에 빨간 점이 방사성물질이라면, 반감기가 지날 때마다 빨간 점이 반으로 줄어드는 것을 알 수 있다. 그래서 반감기가 5번 지나면 방사선 세기가 1/32로 줄어든다.

방사성원소가 내놓는 에너지는 다른 어떤 에너지원에도 비할 바 없이 강력한 에너지이므로 이를 활용할 방안을 모색하게 되면서 20세기 중반부터 원자력 시대가 도래하였다. 아인슈타인이 만들어낸 $E=mc^2$은 바로 물질을 에너지로 변환시킬 수 있다는 걸 의미한다. 물리학자들이 찾아낸 인공적인 에너지 창출반응이 바로 핵분열이다. 외부에서 중성자가 원자핵과 부딪치면 핵이 폭발하면서 쪼개지는데 이것이 핵분열반응fission이다. 중성자는 전기적으로 중성이라 반발을 받지 않고 핵에 접근할 수 있기 때문에 가능하다.

이 충격으로 우라늄 원자가 쪼개져 더 작은 원소들로 나뉘고 3개의 중성자가 또 생긴다. 이 중성자들이 다른 우라늄 원자들과 충돌을 반복하면 연쇄 핵분열반응이 일어난다. 이 핵분열반응에서 질량이 에너지로 변환되면서 내는 에너지는 200MeV이다. 우라늄 1g이면, 8.2×10^{10} J/g이라는 엄청난 에너지가 방출된다. 석탄으로 이 에너지를 내려면 3톤이 필요하다. 핵폭탄도 이 원리를 이용한 것인데, 북한에서 핵폭탄 실험을 하면 남한에서는 핵분열반응 시 발생해 대기 중으로 퍼지는 기체인 크립톤Kr이나 지논Xe을 검출하려고 원자력 관련 기관들이 총력을 기울인다.

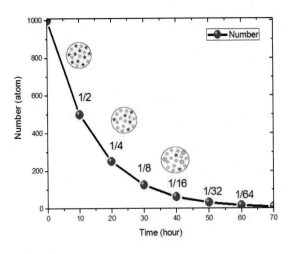

그림 2.2
반감기가 10시간인 핵종의 시간에 따른 방사능 세기 감소 곡선. 원 안의 붉은
점이 불안정해 방사선을 방출하며 붕괴하는 원자를 나타내는데 시간이 갈수록
줄어드는 것을 보여준다.

방사선량 단위

방사성물질에서 나오는 방사능의 세기는 단위 시간당 붕괴
수Bq로 계산한다. 방사성물질 자체에 초점을 맞춘 것이 방사능
이고, 이 방사성물질이 여러 가지 종류의 방사선을 내어 주위
에 미치는 영향을 평가하기 위해 도입한 단위가 방사선량이다.
100Bq짜리 방사성물질이 있을 때, 이 물질에서 5m, 1m 거리에
있을 때 미치는 영향이 다르기 때문에 이를 평가하는 것이 방사
선량이다. 원자력과 방사성물질의 위험성을 평가하기 위해서는
정량화해서 비교해야 한다. 앞으로 서술할 내용을 잘 이해하기
위해서 꼭 필요한 내용이니 방사선량 단위와 그 의미를 잘 새겨
두자. 방사선량은 방사선을 받는 대상에 미치는 영향의 관점에
따라 다음과 같은 단위를 정의해 사용한다.

원자력과 방사성폐기물

1. 조사선량^{照射線量}, exposure dose

공간에서 방사선으로 인해 생성되는 전하량을 나타낸다. 즉, 방사선 세기나 양을 방사선이 공간에서 공기를 전리시켜 발생하는 전자의 흐름으로 파악하는 것이다. 전하량 크기로 어느 정도 피폭이 가능한가를 나타내는 준위로 쓰인다. 단위는 뢴트겐^R 이나 쿨롱^{C/kg}을 사용한다. 참고로 $1R=1esu/cm^3=2.58 \times 10^{-4}C/kg$이다. 즉, 1뢴트겐은 1정전기^{esu, electrostatic unit}가 $1cm^3$ 부피에 생성되는 양이다. 일반적으로 단위시간당 조사선량으로 mR/h를 많이 사용한다. 밀리뢴트겐^{mR} 은 뢴트겐의 1/1,000이다.

2. 흡수선량^{吸收線量}, adsorbed dose

물체에 방사선이 흡수되는 에너지양을 나타낸다. 공간에 어느 정도 방사선량이 있는지를 조사선량으로 나타냈다면, 이 방사선이 얼마나 물체에 흡수되는지 나타내는 양이다. 예로, 물과 금속은 방사선 흡수율이 다르다. 같은 방사선원에 노출되더라도 대상의 방사선 흡수율에 따라 피폭 정도가 달라지는 것을 나타낸다. 단위는 그레이^{Gy, Gray}로서, 1Gy는 1kg당 1Joule의 에너지가 흡수됨을 의미한다. 이전에는 라드^{rad}를 사용했는데, 1rad=100erg/g, 1Gy=100rad의 관계가 있다.

3. 등가선량^{等價線量}, equivalent dose

사람이 같은 방사선 흡수선량을 받았더라도 방사선원의 종류와 에너지준위에 따라 인체에 미치는 효과가 다르다. 그래서, 방사선원별로 인체에 미치는 생물학적 효과를 고려해 상대적 영향을 가중치를 도입해 계산한 선량이다. 광자나 전자를 기준치로 해서, 양성자는 2배 효과, 에너지가 크고 무거운 알파입자는 20배 가중치를 준다.

단위는 시버트$^{Sv, Sivert}$로서, 1Sv는 1kg당 1Joule^{줄}의 에너지를 받음을 의미한다. 일반적으로 휴대용 계측기는 조사선량이나 등가선량을 측정하며, mSv/h 단위를 많이 사용한다.

4. 유효선량$^{有效線量, effective dose}$

여러 가지 방사선량을 계산하는 최종목표는 인체에 미치는 영향을 계산하기 위한 것이다. 그래서 방사선원별 인체 영향을 고려한 등가선량까지 계산하였는데, 이제는 인체 각 부위가 방사선에 동일한 영향을 받지 않는 점을 고려해야 한다. 생식선이나 골수, 소화기는 방사선에 민감하게 영향을 받고, 피부나 뼈 표면은 영향이 적다. 그래서 등가선량에 조직별 방사선 민감성을 가중치로 부여해 합산한 것이 유효선량이다. 그러므로 방사선이 인체에 미치는 영향은 최종적으로 유효선량으로 평가하면 된다. 유효선량 단위는 등가선량과 같이 시버트$^{Sv, Sivert}$를 사용한다.

실험실에서 사용하는 계측기들은 알파, 베타, 감마 선원별 방사능 세기를 베크렐 단위로 측정한다. 우리가 접할 수 있는 휴대용계측기$^{survey meter}$는 주로 감마선원에 의한 조사선량을 측정해 mR/h로 표시하거나, 등가선량을 측정해 mSv/h로 표시한다. 요즈음에는 이 둘을 다 측정해 환산하는 기기도 있다. 알파나 베타선을 측정하는 별도 휴대용 계측기도 있다.

원자력과 방사성폐기물

2.2
방사선이 인체에 미치는 영향

방사선의 인체 작용

방사성물질이 이렇게 내뿜는 방사선 때문에 인체는 상해를 입게 된다. 먼저 방사성물질이 외부에 있을 때는 투과력이 약한 알파선이나 베타선은 큰 영향을 미치지 못하고 주로 투과력이 큰 감마선, X선, 중성자선들이 큰 영향을 미칠 수 있다. 이중 중성자는 우주에서 날아오거나 중성자 발생시설에 들어갔을 때 이외에는 별문제 될 중성자원이 없고, X선은 의료기 외에는 접촉할 일이 별로 없으므로 주로 감마선 피폭이 문제가 된다. 외부피폭은 적절한 방사선 차폐를 함으로써 막을 수 있다. 그림 2.3에 외부피폭과 내부피폭을 도시하였다. 알파선이나 베타선은 호흡, 음식, 피부흡수 등으로 인체 내부에 들어왔을 때 문제가 된다. 특히, 알파입자는 전리에너지가 커 인체에 들어오면 피해가 커진다.

사람이 방사선에 피폭되면 방사선에너지가 인체 단백질, 탄수화물 핵산 등에 흡수되어 특정부위를 전리, 여기勵起시키는 등 구

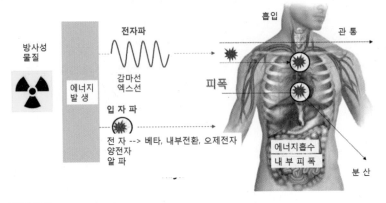

그림 2.3
방사선의 인체 외부 피폭과 내부 피폭

조변화를 일으키고 손상시킨다. 이것이 방사선의 직접작용이고, 간접작용은 주로 물에 기인한다. 사람 몸은 70%가 물로 이뤄져 있는데, 방사선에 피폭되면 물의 이온화가 일어나고 방사분해되어 인체에 해로운 전자, H°, OH°, O_2^-, HO_2^- 등의 유리기들이 생성되는데, 유리기들은 반응성이 아주 높아서 주변 세포 성분들과 반응해 대사 장해를 일으킨다. 하지만, 사람 몸에는 이들을 잡는 카탈라제 등 각종 효소가 있어 이들을 무력화시킨다. 즉, 저선량에서는 인체세포 및 면역체계가 작동해 스스로 손상을 복구시킨다. 그러나 방사선에 과다 피폭되거나 지속적으로 피폭되어 유리기 생성이 많아지면 효소들이 더 이상 감당을 못 해 인체 장해가 나타난다.

방사선 피폭이 인체에 미치는 영향은 신체적 영향과 유전적 영향으로 나눌 수 있다. 신체 영향은 방사선을 피폭당한 본인에게 나타나는 증상이며, 유전 영향은 피폭당한 사람의 자손에게 나타나는 영향이다. 신체적 영향은 피폭 후 증상이 발현될 때까지 기간에 따라 급성과 만성으로 나눠 볼 수 있다. 급성은 피폭 후 수 주 내에 증상이 나타날 때로 대량의 방사선 피폭을 당했을 경우다. 만성은 수개월에서 수십 년의 잠복기를 가지는데, 백내장, 암 등이 해당된다. 유전적 영향으로는 DNA와 유전자 분자 변화에 기인한 점돌연변이와 염색체 손상으로 일부 구조가 변이되어 발생하는 돌연변이가 있다. 그러나 유전자 손상을 입었다고 다 기형이 되거나 증상이 발현되는 것은 아니다. 돌연변이 세포가 세포분열을 하여 다음 세대로 이어지는 과정에서 효과가 점차 약해지고, 생존환경이 적절치 않아 도태되기도 한다. 또한 인체 면역기능이 이들을 사멸시키거나 자살시키기도 한다. 가장 우려하는 영향은 암세포로 발전하거나 돌연변이가 자손에게 유전결함으로 발현되는 경우이다.

표 2.1
방사선이 인체에 미치는 증상

영향 종류		증상 및 병명(경증 → 중증)
신체 (피폭자)	급 성 대량피폭, 수주 내 증상	일반전신장해 -) 중추신경사망 조혈조직 손상 -) 골수 사망 소화기 손상 -) 위장관 사망 탈모, 수포, 백혈구 감소, 홍반, 불임, 궤양
	만 성 수개월 이상 잠복기	악성종양 발생 : 백혈병, 골육종, 갑상선암, 유방암, 폐암, 피부암 등 백내장, 노화촉진, 수명단축, 재생불량성 빈혈
유전(자손)	유전자 돌연변이	우성/열성 돌연변이
	염색체 이상	염색체 변화, 염색체 구조 변화

방사선 피폭량에 따른 증상

처음 방사성물질을 발견할 당시에는 방사선의 위험성이나 인체에 미치는 영향을 알지 못했다. 그래서 마담 퀴리는 말년에 조혈장기 장해와 폐암이 발생해 생명을 잃었고, 광산에서는 석탄가루와 라돈가스 흡입으로 폐암 발병이 많았다. 야광라듐도료 공장에서는 라듐기체 섭취로 골육종 발생률이 높았다. 가장 큰 피해는 인류 역사상 가장 큰 재앙이었던 1945년 원자폭탄이었으며, 역설적이게도 이들을 치료하면서 인체에 미치는 방사선 영향을 체계적으로 이해하게 되었다.

인체조직 중 방사선에 취약한 조직은 물을 함유한 림프계통과 조혈조직이다. 앞에서 설명한 대로 방사선이 물 성분을 유리화시켜 여러 가지 화학반응을 유발하기 때문이다. 그래서 0.05~0.25Sv 피폭범위에서 혈액 중 염색체 변화가 나타나기 시작한다. 그러나 대개 질환으로 연결되지는 않는다. 선량이 1~2Sv가 되면 혈액 상 변화가 뚜렷해지고 수일 동안 지속된다. 피폭자 상당 비율이 구토와 무력증을 보이며, 면역기능저하로 5% 정도가 사망한다. 3~5Sv에 이르면 조혈장해로 인한 면역기능저하로 60일 내에 반 정도가 사망한다. 이렇게 반 정도가 사망할 수 있는 선량을 반치사선량Lethal Dose라고 하고 LD$_{50/60}$이라고 표현하는데 60일 이내에 50%가 사망할 수 있는 방사선량이란 뜻이다. 피폭량이 더 높아져 6~8Sv에 이르면 수개월 내 대부분 사망하게 되는데, 혈액손상과 더불어 위장계 증상이 나타난다. 식도, 위, 십이지장, 소장, 대장 등 소화기 내벽세포가 손상 받아 궤양이 발생하고 탈수와 세균감염으로 사망에 이른다.

이렇게 대부분 사망하게 되는 선량을 치사선량致死線量, LD100/60이
라 한다. 8~10Sv에서는 급성폐렴, 폐수종 등의 폐 손상이 나타
나 호흡부전으로 사망한다. 15Sv 이상에서는 중추신경이 마비되
어 혼수상태가 수반되기도 하는데 수일을 넘기지 못한다. 치사선
량에 피폭된 경우 초기에 나타나는 증상으로 식욕부진, 현기증,
구토, 설사, 장 경련, 침 흘림, 탈수 등이 나타나 위장계증후군으
로 연결된다. 또, 피로, 둔감, 오한, 고열, 두통, 저혈압 등의 증
상은 신경계 증후군으로 발전한다. 방사선 피폭에서 주의할 사
항은 방사선에 노출되더라도 고선량이 아니면 아무런 통증이나 자
각증상을 느끼기 힘들다는 점이다. 그래서 주변사람에 의한 방사
선원을 인식할 수 있는 표식과 차단장치, 관리와 통제가 중요하다.

일부 책에서는 방사선량이 인체에 미치는 영향을 나타낼 때, 등
가선량 Sv대신 흡수선량 Gy으로 표시하는데, 감마나 베타선원일
경우에는 가중치가 1이여서, 1Gy = 1 Sv 관계가 성립한다.

표 2.2 방사선 피폭량에 따른 인체 증상

조직 등가선량 (Sv)	증상
0.05 – 0.25	염색체 이상이 발견되는 최소 선량. 증상이 거의 없다.
0.25 – 0.5	백혈구, 임파구 일시적 감소
0.5 – 0.75	혈액변화
0.75 – 1.25	피폭자 10% 오심, 구토
1 – 2	구토, 무기력증, 혈구생산감소, 합병증으로 사망자 발생(5%)
3 – 5	조혈기능장해로 수개월 내 50% 사망. 반치사선량(LD50/60)
6 – 8	위장계증후군으로 수개월 내 100% 사망. 전치사선량 (LD100/60)
8 – 10	객혈, 폐수종 등으로 수주 내 사망
15 이상	중추신경계장해로 수주 내 사망

일반인의 방사선 피폭량

다소 충격적으로 들릴 수 있지만, 현대를 살고 있는 일반인들은 본인의 의지와 무관하게 여러 가지 방사선을 맞고 있다. 이들을 다음 표에 정리하였다. 일단 자연방사선이 우주에서 날아오고, 땅 표면에, 물에도 방사성물질이 있다. 심지어 사람 몸에서도 방사성물질이 들어있어 방사선을 내면서 살아간다. 우주선은 태양 등 우주에서 생성된 중성자, 감마선, 전자 등이 지구로 날아오는 것인데, 땅에서 높이 올라갈수록 양이 증가한다. 그래서 비행기를 타면 우주선을 많이 맞게 되므로 항공기 승무원들은 최근에 우주선에 의한 피폭을 작업조건으로 고려하기 시작했다. 땅에는 지구가 생성될 때 많은 방사성핵종이 있었는데, 40억 년의 시간이 지나면서 대부분 소멸했으며 반감기가 억년 단위인 우라늄 $U-238, 235$과 토륨 $Th-232$이 주로 남아 있고 또 이들이 연쇄 붕괴하면서 나오는 자손핵종들이 있다. 딸핵종daughter nuclide이라고도 한다. 남녀평등의 시대라 여기서는 자손핵종으로 쓰겠다. 이 자손핵종들은 대부분 반감기가 짧아 쉽게 사라지고 최종적으로 납이 되어 존재한다.

이 자손핵종들 중 문제가 되는 것은 라돈 $Rn-222$, 칼륨 $K-40$, 루비디움 $Rb-87$이다. 라돈은 대부분 암석이나 토양에 존재하는 우라늄이 붕괴하면서 나오는 기체상 딸핵종이다. 그래서 동굴이나 지하철, 지하상가에는 라돈 함량이 높으므로, 이를 방지하기 위해 공기 중 함량을 법으로 규제하고 공기정화 시설을 필수적으로 운영하게 되어있다. 공기 중 평균 라돈 방사능량은 $2\mu Bq/ml$

이다. 표에서 보듯이 라돈에 의한 인체피폭량이 연간 1.1mSv로 가장 크다. 법으로 규제하는 일반인의 연간 피폭유효선량이 1mSv이므로 사실상 라돈으로 이 법적 허용선량을 다 맞고 있는 셈이며, 이 규제치를 설정한 근거도 상당 부분 라돈의 자연 피폭량을 참고한 것이다. 국내 주택표본조사결과에 의하면 라돈은 평균 2.2mSv이고, 1~20mSv 범위에 분포했다. 라돈기체는 호흡을 통해 사람 몸에 들어가는데, 불활성기체라 반응성이 낮아 대부분 다시 나온다. 그런데, 문제는 라돈의 자핵종에 의한 피폭이다. 라돈은 반감기가 3.8일로 짧아 빠른 붕괴과정에서 Po-218, Pb-214, Bi-214등을 생성해낸다. 이들은 불활성기체가 아니라서 공기 중 먼지, 담배 연기, 수분 등에 달라붙는다. 이들이 호흡을 통해 폐에 들어가면 폐 조직에 달라붙어 방사선을 방출하여 폐암을 유발시킨다. 그러므로 라돈기체가 많은 지하 환경에 머물면서 담배를 많이 피워주면, 후에 노년기간을 단축하는 데 큰 역할을 할 것으로 기대할 수 있다.

표 2.3
일반인의 연간 방사선 피폭량. 출처 [2.3]

피폭종류		유효선량 mSv/yr
자연방사선	우주선	0.37
	천연방사성핵종	
	칼륨 K-40	0.33
	U-238계열 (Rn-222와 자핵종)	1.34 (1.1)
	토륨(Th-232)과 자핵종	0.34
인공방사선	의료피폭	
	X선 진단	0.39
	핵의학	0.14
	소비재	0.1
	직업적 피폭	0.01

토양이나 강물에도 방사성물질이 있다 보니 동식물 먹이사슬을 통해 인체에도 방사성물질이 음식이나 호흡을 통해 들어와 상당량 축적되어 있다. 검출되는 핵종들은 K-40, Rb-87, Ra-226, U-238, Po-210, C-14 등이다. 이 중에 칼륨이 압도적으로 많고, 폴로늄은 양이 극히 미비하나 상당히 위험한 물질이다. 60kg 성인기준으로 보면, 칼륨이 약 0.2% 존재하는데, 무게로 120g 정도 되고 근육에 많이 분포한다. 소변에도 칼륨이 리터당 1.5g 정도 들어있다. 칼륨에는 몇 가지 동위원소가 있고, 그 중 방사성핵종인 K-40이 0.012%이다. 무게로 12mg 정도 되고 방사선 세기는 3,600Bq 수준이다. 연간 근육이나 생식선에 미치는 칼륨의 피폭량은 약 0.2mSv이다. 이런 자연적인 방사선 피폭 상황은 지구를 살아가는 인간의 숙명이니 어쩔 수 없이 감수해야 하고, 태초부터 방사선이 존재했으므로 대부분 생명체가 자연수준의 방사선 피폭은 자체 방어 메커니즘을 가지고 잘 적응하며 살아가고 있다.

　다음으로, 현대문명이 만들어낸 인공방사능 물질에 노출되는 정도는 점점 더 심해지고 있다. 20세기 중반에 미국, 소련, 중국 등에서 행한 원폭실험 결과로 방사능 낙진이 대기권을 떠돌다는, 비와 함께 떨어진다. 그래서 지하수 중에 방사성핵종인 트리튬[H-3] 함량이 높으면, 원폭실험의 영향으로 해석하며 지하수 생성연대가 20세기 중반 이후라는 판단을 한다. 물론 자연에서도 우주선 등에 의해 트리튬이 생성되지만 그 양이 적고 일정한 수준이기 때문에 여러 가지 다른 지표와 함께 고려해 판단한다.

그리고 최근에 급증하는 것이 의료 피폭이다. X선 진단, MRA, PET 등 많은 첨단 의료기기들이 방사성물질을 쓰며, 피폭량이 꽤 된다. 예로, 양전자단층촬영장치PET는 F-18을 정맥주사로 투여한 후 인체에서 퍼지면서 방출하는 511KeV의 감마선을 측정해 인체 내 분포 양상으로 병소를 찾아낸다. 반감기가 110분으로 짧고, 쉽게 배출되기 때문에 큰 문제는 없다. 우리나라 일반인들이 연간 받는 피폭선량은 평균 3.6mSv이고, 이중 자연방사선이 3.0mSv, 의료피폭이 평균 0.6mSv이다. 의료피폭 중 가슴 X선 촬영을 하면 1회에 약 0.1mSv, 위장 X선 촬영을 하면 약 10mSv, 전신 CT 촬영을 하면 1회에 50-100mSv로 상당히 많은 양을 피폭당한다. 그러므로 X선 촬영, MRI, CT, PET 등을 사용해 진단할 때에는 반드시 꼭 필요한 조치인가를 확인하고 이런 첨단의료기기를 통해 얻는 이익이 무엇인지를 잘 판단하며 선택해야 한다.

더불어 언급하고 싶은 것은 방사선만 주의한다고 안전한 사회가 되는 것이 아니라는 것이다. 갖가지 환경오염물질, 식품 속에 첨가된 각종 화학물질, 전자레인지 등에서 나오는 각종 전자기파 등 주위에 많은 것들을 세심히 살피는 피곤한 사회 속에 우리가 살고 있다는 점이다. 핸드폰 과다사용으로 인한 전자파 피해도 무시할 수 없다. 통화 시 얼굴에 바짝 대고 통화하므로 전자파가 뇌세포와 신경계에 영향을 줄 수 있다. 가급적 통화시간을 줄이고, 이어폰을 사용해 핸드폰을 몸에서 떨어뜨리는 등 생활습관을 가지길 권고한다. 아프리카 초원에 사는 초식동물들이 항상 촉각을 곤두세우고 육식동물의 접근을 경계하듯이 그렇게 살아야 한다.

표 2.4
방사선 피폭선량 한도 [원자력 안전법 시행령]

구 분	유효선량한도 mSv	등가선량한도 mSv/yr
방사선작업종사자	5년간 100mSv 한도에서 연간 50mSv	수정체 150mSv 피부, 손, 발 500mSv
일반인	1mSv	수정체 15mSv 피부, 손, 발 50mSv
긴급작업자	500mSv	피부 5000mSv

그러면, 얼마만큼 피폭당하면 위험하고, 얼마만큼 적은 양이면 괜찮을 수 있을까? 그동안 히로시마, 나가사키 원폭 피해자들과 체르노빌 사고 피해자들을 통한 연구가 이루어졌다. 그래서 강한 방사능에 노출되었을 때 나타나는 증상이나 인체 손상은 표 2.2에서 정리하였듯이 학술적으로 상당히 정립되어 있다. 문제는 저선량으로 피폭되었을 때인데, 윤리적 문제 등이 있어 판단할 수 있는 증거나 결과물을 인위적 실험으로 확보할 수 없다. 기준이 되는 것은 사람들이 자연적으로 받는 양이다. 이를 바탕으로 법으로 규제할 한도를 설정하였다.

일반인과 방사선작업종사자를 구분해서 법으로 설정한 선량한도는 여러 가지 방사선사고와 실험 자료를 종합하고 위험과 허용 가능 수준을 고려하여 결정한 값으로서 국제방사선방어위원회ICRP에서 정한 값을 한국에서도 동일하게 적용하고 있다. 하지만 선량한도가 위험과 안전의 경곗값은 아니다. 선량한도를 조금 초과해서 위험하고, 그 이하라고 안전하다고 판단 내릴 수 없다. 이는 개인의 건강상태나 여러 환경 요인에 따라 달라지는 통계적 허용치이다. 일반인에 대한 선량한도가 낮은 것은 방사선에 대한 인지도가 낮고 감수성이 높은 유아가 존재하기 때문이다. 반면에 작업자는 건강한 성인이고 방사선에 대한 적극적 방호를 하기 때문이다. 사고 등으로 비상시 투입되는 긴급작업자의 유효선량 500mSv는 혈액상의 변화가 예상되나 심각하지 않은 수준의 피폭선량이고, 피부에 대한 5,000mSv는 홍반이 발생하기 시작하는 문턱선량에 해당한다.

방사성폐기물 속 대표적인 핵종

우리가 자주 들어 봄직한 방사성핵종들의 특성을 표 2.5에 정리하였다. 표에서 물리적 반감기^{Tp}란 방사성핵종이 붕괴하여 방사능량이 반으로 줄어드는 기간이고, 방사성핵종이 인체에 들어왔을 때 물리·화학적 특성에 따라 침착, 배출되는 정도나 시간이 다른데, 이를 나타내는 것이 생물학적 반감기^{Tb}이다. 핵종의 물리적 반감기와 생물학적 반감기를 같이 고려해, 방사성물질이 체내에서 배설되는 비율의 시간을 정의한 것이 유효반감기^{Te}다. 수학적으로 표현하면, $1/T_e = 1/T_p + 1/T_b$이다.

방사성폐기물을 가장 많이 발생시키는 원자력발전소에서 가장 많이 나오는 핵종은 세슘, 코발트, 스트론튬 이렇게 세 가지다. 사용후핵연료는 수년 동안 많은 열량을 내뿜는데 주로 이 세 핵종에 기인한다. 검출기로 세슘$^{Cs-137}$을 측정해 보면 662KeV에너지를 가진 감마선을 뾰족이 내뿜는데, 푸른 광선검을 휘두르는 세슘 제다이 같다. 분광기로 스펙트럼을 분석하면 청아한 청색 선을 나타낸다. 성격이나 행동이 칼같이 정확해 원자시계의 기준 진동체로 쓰인다. 세슘은 인체 내에 거의 없지만, 칼륨^{K}은 뼈, 근육 등 인체에 상당량 존재하는데, 세슘은 물에 잘 녹고, 칼륨과 화학 물성이 유사하다. 그래서 인체 내로 세슘이 들어가면 칼륨을 쫓아내고 그 자리에 들어앉아 칼륨 행세를 하면서 인체를 피폭시킬 수 있다. 세슘은 몸속에서 식도, 위·폐암, 근육암을 유발할 수 있다.

코발트$^{Co-60}$는 감마선 분석을 하면, 1174KeV와 1332KeV 에너지를 가진 두 봉긋한 피크를 보여준다. 마치 토끼 귀 같기도 하다. 세슘이 강한 방사선을 내는 곳엔 코발트도 옆에 같이 방사선을 내고 있을 가능성이 크다. 코발트는 그리스어 코발스에서 연유하였는데 기생하는 사람, 붙어 다니는 친구란 뜻이란다. "코발트블루"라고 들어 보았는가? 예술이나 도예 하는 분들에겐 익숙한 단어일 것이다. 도자기나 유리제품에 청색을 내기 위해 코발트를 많이 사용한다. 코발트와 세슘이 내는 강한 감마선을 이용해 보석착색이나 인체 방사선 치료에 많이 이용하고 있다. 이리에 보석가공단지가 있는데, 이곳에서 코발트나 세슘 밀봉선원을 이용해 3,000큐리^{Ci} 정도의 강한 감마선을 보석에 쪼여 무덤덤한 보석원광을 영롱한 보석으로 치장한다. 멸균이나 식품가공에도 활용한다. 암 치료를 전문으로 하는 대형병원에는 어김없이 코발트나 세슘 조사장치를 갖추고 환자들을 치료하고 있다.

표 2.5
방사성폐기물에 함유된 대표적인 방사성핵종들

방사성핵종	방사선종류	물리적반감기	유효반감기	축적 장기
H-3	베타	12.3년	12일	전신
Mn-54	베타 (전자포획)	313일	23일	간
Fe-59	베타	45일	42일	비장
Co-60	베타/감마	5.3년	9.5일	전신
Sr-90	베타	28.8년	18년	뼈
I-129	베타	1.6×10^7년	7.6일	갑상선
I-131	베타/감마	8일		
Cs-137	베타/감마	30년	70일	전신
Po-210	알파	138일	138일	뼈
Pb-210	베타/감마	22년	22년	뼈
U-235	알파	24,400년	500년	간, 생식선, 뼈 표면
Pu-239	알파	7×10^8년	500만	간, 생식선, 뼈 표면

스트론튬$^{Sr-90}$은 조금 더 독특하다. 이 친구는 혼자 존재하는 법이 없다. 스트론튬$^{Sr-90}$이 변환되면 이트륨$^{Y-90}$이 되는데, 이 둘은 항상 같이 베타선을 같은 양으로 내면서 사이좋게 상존한다. 자연에서 이 둘은 분리되어 존재하지 않는다. 이런 관계를 방사평형 관계라 한다.

스트론튬을 태우면 빨간색 빛을 방출한다. 스트론튬은 여러 가지 동위원소를 가지는데, 방사성동위원소들이 문제를 일으킨다. 스트론튬이 인체에 들어가면, 칼슘^{Ca}과 화학적 작용이 비슷해 뼈 주요성분을 이루는 칼슘을 쫓아내고 그 자리에 들어앉아 뼈에 막대한 피해를 입힌다. 이를 향골성向骨性 핵종이라고 하며 골암과 백혈병 등 골수암을 유발한다. 하지만 역설적이게도 뼈에 생긴 암을 치료하기 위해 반감기가 짧은 Sr-89로 암세포를 죽이는 치료를 한다.

그 밖에도 양은 아주 적지만 주의를 기울여 조심해 관리해야 할 방사성핵종이 몇 개 있다. 바로 음이온성 핵종들인데, 요오드 I-131, I-129, 테크니슘$^{Tc-99}$, 탄소$^{C-14}$ 등이다. 이들은 수명도 길고, 음이온이라 다른 매체로 붙잡아 두는 것도 쉽지 않아 관리가 무척 까다롭다. 요오드는 인체에 필수 미량성분으로 대부분 갑상선에 14mg 정도 들어있다. 갑상선은 인체 모든 세포가 정상적으로 신진대사 할 수 있도록 유지시키는 티록신 호르몬을 분비하고 성장 호르몬 생성에도 중요한 역할을 한다. 방사성 요오드는 원자량이 131, 129로 두 가지 핵종이 있다. 이 중 요오드-131은 베타와 감마선을 모두 내며 발생량이 꽤 되지만 반감기가 8일로 몇 달만 잘 보관하면 다 사라져 버린다. 방사성폐기물 중 아주 골치 아픈 핵종 하나는 I-129이다. 이 핵종은 베타선을 내며 반감기가 무려 천만 년이다. 백 년 사는 인간이 천만 년 동안 관리해야 하는 게 문제다. 다행히 중저준위 폐기물에는 거의 없어 무시할 수 있으나, 고준위에서는 초기함량은 극히 적으나 세월이 가서 대부분 다른 핵종은 죽고 난 다음에도 여전히 방사선을 내고 있기 때문에 각별히 관리해야 한다. 한 가지 더 다행인 것으로 반감기가 길다는 것은 그만큼 방사능 붕괴가 느리다는 의미이기 때문에 인체에 미치는 상대적 위해도는 적다. 방사성 요오드를 섭취하게 되면, 이들이 갑상선에 모이게 되어 피해를 유발하게 된다. 그래서 만약 방사성 요오드가 환경 중에 오

원자력과 방사성폐기물

염되었다면 재빨리 요오드제를 섭취해 미리 갑상선을 요오드로 포화시켜, 방사성 요오드가 들어오더라도 갑상선에 들어갈 자리가 없어 배출되게 만든다. 반대로, 갑상선 암에는 방사성 요오드 I-131를 $30 \sim 200mCi^{300 \sim 1000Sv}$가량 섭취시켜, 갑상선에서 암세포들을 방사선으로 공격해 사멸하게 만든다.

요오드와 생활 문화

요오드는 우리나라에서 옥소沃素라고 불렀는데, 요즈음 영어권 영향으로 요오드라고 통칭한다. 요오드가 인체에 섭취되면 주로 갑상선에 집적되어 갑상선 대사작용에 중요한 역할을 한다.

한국인의 독특한 생활풍습 중 해산 후 미역국을 끓여 필수적으로 산모가 먹도록 하는 것이 있는데, 해초에 요오드가 풍부하게 함유되어 있어 흐트러진 몸에 신진대사를 촉진시켜 회복을 빨리 하는 효과가 있다고 한다. 조상들의 생활 속 지혜가 감탄스럽다. 영국 카디프대학 교수인 T 교수 부부를 초대해 같이 식사할 기회가 있었다. 부부라고 표현했지만, 사실은 법적 부부가 아니고 동거하는 관계다. 나에게 소개할 때 "내 파트너"라고 한다. 서구인들은 결혼하고 10년쯤 살고 나서 권태로우면 이혼하는 비율이 높다. 그마저도 귀찮으면 결혼하지 않고 이렇게 동거한다. 물론 헤어지기는 더 쉽다. 파트너인 A는 동구권 출신으로 영국 카디프대학 대학원에 유학 온 친구인데, 방사성핵종의 지하조건 화학변화를 연구하다 지도교수인 T와 눈이 맞아 그냥 살림을 합쳐 버렸다. 어쨌든, 서구인들이 잘 모르는 특이한 한국음식을 몇 가지 준비하고, 미역국을 맛보게 하면서 산모 해산풍습을 이야기했더니 재미있어하면서도 서양에서는 아이를 낳은 뒤 바로 샤워하는 여자들이 많다고 해서 입이 떡 벌어졌다.

한국 여성들은 적어도 일주일은 누워있어야 하는데, 동서양 사람 몸이 서로 많이 다르다는 걸 실감했다.

생활습관과 건강관리

필자의 아버지도 갑상선암에 걸리셔서 방사성 요오드로 치료를 받으셨는데, 너무 늦게 발견해서인지 오래 버티시지 못하고 돌아가셨다. 아버지는 워낙 술·담배를 즐기셨는데, 토목건설 직종이셨다. 사람 관리하는 것이 일의 반이라고 하셨는데, 이 사람 관리하는 일의 핵심노하우는 업무가 끝나고 술자리에서 술로 이들을 제압하는 거였다. 그래서 말술도 마다하지 않으셨고, 이때 확실히 카리스마를 세우시면 다음 날부터 허리 숙이며 고분고분해지고 척척 일이 풀려나간다는 것이다. 그런데, 환갑이 넘어가시면서 갑자기 술과 담배를 멀리하기 시작하시고 잔기침을 계속 심하게 하시는 거였다. 서로 떨어져 살았기 때문에 병원에 가 보시라는 얘기만 했고, 아버지는 동네 의원에 가 기침치료제만 매번 처방받으며 병을 키워온 것이었다. 가족 중 한 사람만이라도 의학상식이 풍부했더라면, 아니면 동네 의사가 좀 더 똑똑했더라면 조기에 치료할 수 있었는데 아쉬웠다. 몇 년 후 상태가 너무 심해져 수많은 병원을 전전한 끝에 원자력병원에서 갑상선암 말기란 진단을 받았다. 그래서 수술도 하고 방사선치료도 받고 하셨음에도 너무 늦게 치료해서인지 좋은 성과를 얻지 못했다. 독자분들도 나뿐만 아니라 주변 사람 건강도 유심히 챙기시고, 술·담배는 에덴동산의 선악과 정도로 생각하면 좋겠다.

핵분열성 물질

음이온을 띠는 핵종 다음으로 중요하게 다루는 것이 핵분열성 물질과 그의 몇몇 자손들이다. 핵분열성 물질이란 방사성핵종 중에서도 핵분열하면서 많은 에너지를 내는 물질이다. 대표적으로 U-235와 Pu-239가 있다.

플루토늄Pu-239은 천연 우라늄광석에서 일부 발견될 뿐 자연계에서는 거의 존재하지 않으며, 우라늄U-238이 중성자와 반응해 만들어지는 인공원소다. 원자탄의 원료로 사용되기 때문에 국제적으로 가장 민감하게 관리하는 핵물질이다. 플루토늄은 알파에너지가 크고, 폐, 간 골수에 흡수되어 발암 요인이 되기 때문에 독극물로 취급한다. 0.1µg은 약 0.06mCi 방사능을 띄는데, 이 이상이면 인체가 손상을 받기 시작한다. 플루토늄의 치사량은 약 1g으로 청산가리KCN 0.7g보다는 낮다. 사용후핵연료에 주로 함유되어 있고, 중저준위 폐기물에는 거의 없다.

폴로늄Po-210은 일반 방사성폐기물에는 거의 없다. 사용후핵연료의 주성분이 우라늄인데, 우라늄 핵분열 과정에서 폴로늄이 자손핵종으로 생긴다. 하지만 반감기가 138일로 짧아 관리만 잘하면 쉽게 사라진다. 플루토늄보다 독성이 훨씬 강해서 1 피코그람pg, 10⁻¹²g은 약 166Bq의 방사선을 내는데, 이 정도만 인체에 흡수되어도 위험하며, 해독제도 없다. 화학독극물인 시안화수소HCN나 청산가리보다 훨씬 강한 독성물질이다. 그래서 요인 암살용으로 첩보부대에서 쓰인다. 팔레스타인 해방기구 의장이었던 야세르 아라파트는 이스라엘군에 가택연금 당해 있다 병을 얻어 프랑스에서 치료받다 사망했는데, 스위스 로잔대학병원 연구원들이 아라파트의 유해에서 폴로늄을 검출하였다.

또, 국내 언론에도 보도되었던 내용으로, 러시아 첩보기관 KGB의 후속기관으로 알려진 FSB 요원 알렉산더 리트비넨코가 2000년 영국으로 망명해 러시아의 비밀작전을 폭로하고 블라디미르 푸틴 대통령을 비판했다. 이후, 2006년 11월 1일 러시아 사업가, 전직 정보기관 요원 등 세 명의 러시아인들과 런던 밀레니엄 호텔에서 만나 함께 홍차를 마신 후부터 이상증세를 보여 2주간 극심한 설사와 구토 증세를 보였다. 급기야 2006년 11월 17일 런던 유니버시티 칼리지 병원 중환자실에 입원하게 되었다. 처음에는 병원도 원인을 찾지 못해 당황했으나 그의 이력을 미루어 독살시도로 짐작하였다.

그 후 영국 원자력무기연구소의 정밀검사를 통해 폴로늄-210 중독임을 밝혀내었고, 11월 23일 죽어버렸다. 그가 마신 홍차 잔에서 폴로늄이 발견되었고 사체에서도 다량 검출되었다.

네바다 사막에서 원폭실험을 해서인지는 모르겠으나, 미국담배 1g에 폴로늄이 약 10^{-16}g 들어있는데, 방사선 세기가 0.5pCi$^{0.02Bq}$에 해당한다. 미국 담배 권하는 사람을 유의하라. 산업에서는 형광 X선 분석이나 정전제거용 장치 등에 쓰인다.

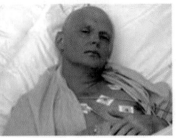

그림 2.4 폴로늄으로 암살당한 생전의 리트비넨코와 사망 직전의 모습

우라늄은 대부분의 암석에 0.003ppm^{ppm은 백만분의 일을 나타내는 단위}
이상 들어있다. 그러므로 암석으로 지은 건물에 거주한다면 우
라늄과 접촉할 수 있는데, 우라늄 자체는 알파선만 내므로 흡입
하지 않는 한 문제가 없다. 그러나 방사능 붕괴 시 나타나는 자
핵종 중 라돈기체가 배출되어 흡입할 수 있으니 유의해야 한다.
그렇다고 노심초사할 필요도 없다. U-235의 반감기는 7억 년,
U-238은 45억 년으로 지구 나이와 비슷하여 붕괴속도가 너무
느려 딸핵종 생성도 느리므로, 자연 상태에서는 환기를 자주 하
는 것으로 충분하다. 중저준위 폐기물에는 거의 없으나 사용후
핵연료의 주성분이다. 사람의 연평균 흡입량은 0.5mg, 방사선
세기는 0.2nCi이다. 우리나라에는 괴산에서 옥천으로 이어지는
우라늄 광맥이 있어 이 일대 지하수에 우라늄 함량이 높다.

방사선의 이중성

방사선은 인체에 여러 가지 손상을 주기 때문에 방사선을 맞
지 않도록 조심해야 한다. 개인적 노력보다는 국가적·제도적으
로 체계를 잘 갖추어야 한다. 그런데, 역설적이게도 병원에 가서

방사선을 엄청나게 맞고 오는 사람들이 있다. 바로 암 종양 치료를 위해 상당히 센 방사선을 암 발생 부위에 집중적으로 쏘이는 것이다. 그러면 방사선 효과로 암세포와 주변 건강세포도 큰 손상을 입고 괴사하거나 중상을 입게 되는데, 시간이 지나면서 인체의 놀라운 지연치유력 덕분에 세포재생이 이루어진다. 그런데, 건강세포가 암세포보다 재생능력이 뛰어나다. 그래서 방사선을 적당한 시간 간격으로 몇 번 쏘여주면, 암세포는 대부분 죽어버리고 건강세포는 손상은 입지만 재생해 서서히 회복하게 된다. 이건 강한 방사선의 예이고, 아주 약한 방사선 효과도 있다.

저준위방사선이 인체에 이로운 작용을 한다는 가설이 있는데 방사선 호메시스hormesis 라고 한다. 옛날부터 동서양을 불문하고 사람들은 피부병에 좋다거나, 몸에 활력이 생긴다는 등의 이유로 온천욕을 즐겼다. 온천수 특성에 따라 라돈온천, 유황온천, 게르마늄온천 등 다양하다. 수안보, 유성, 덕산, 해운대 온천 등에는 미량의 라듐과 라돈이 들어있다. 또, 충청지역 샘물에는 우라늄 함량이 높다. 이들이 인체에 나쁜 영향을 미친다면 역사적으로나 경험적으로 이에 대한 학습이 되어 온천은 죽음의 샘으로 불려야 할 텐데 현실은 건강에 좋다고 많은 사람이 애용한다. 그러면, 미약 방사선의 영향을 실험해 볼 수 있을까? 거의 불가능하다. 사람이나 동물을 대상으로 한 실험이라 생기는 윤리적 문제의식을 떠나서도, 일정 기간 살아있는 생명체에 방사선 효과만 주고 다른 어떤 자극도 주지 않을 방법이 없다. 먹는 음식과 생활환경에서 다양한 자극을 받기 때문에 이들을 분리해서 살펴볼 수 없기 때문이다. 괴산 – 옥천 우라늄광맥에 거주하는 주민들과 같이 전 세계적으로 우라늄함량이 높아 자연방사선 피폭량이 많은 지역이 도처에 있다. 우리나라는 자연 방사선이 평균 3.1mSv로 높은 편이다. 전 세계 평균은 2.4mSv이다.

가장 높은 지역은 이란의 람사로 최대 400mSv를 나타내는 곳이 있다. 브라질 폰수데칼다스 마을은 250mSv이다. 브라질에는 자연방사선이 높은 지역이 많은데, 이런 지역에는 모나자이트 광물이 많이 산출된다. 우라늄과 토륨 함유량이 많아 연간 피폭량이 10mSv 수준인데, 주민들은 이주할 생각 없이 옛날부터 살아온 그대로 살고 있다. 유엔 산하 방사선영향과학위원회가 주민들을 대상으로 역학조사를 시행하였지만 다른 지역 주민들과 뚜렷한 차이를 발견하지 못하였다. 우리나라에서도 모나자이트 광물로 만든 원적외선을 방사하는 건강증진제품이 많이 팔렸는데, 지금은 생활방사선법이 제정되어 자연광물이더라도 방사선이 많이 나오는 제품은 판매 금지하고 있다. 이들 제품에서는 원적외선보다 방사선이 더 많이 나왔을 텐데, 경험적 건강증진 효과를 사업화해 판매하였으니, 곤혹스러운 미약 방사선의 이중성이다.

방사선 피폭과 방사선 호메시스 간 충돌

강한 방사선의 생체 피해 유발과 미약 방사선의 이중성 사이 간에 간극이 접점에서 만나 폭발한 것이 2018년 5월에 일어난 대진침대 사건이다. 자연에는 반감기가 긴 방사성 핵종들이 미량으로 들어 있는 광물들이 있고, 지하수에는 이 핵종들이 미량

원자력과 방사성폐기물

으로 녹아 있는 경우가 있다. 이들이 내는 방사선은 주변 공기나 물을 전리시킨다. 그러면 당연히 양이온, 음이온들이 증가한다. 앞 절에서 설명한대로 전통적으로 많은 사람들이 방사성물질이 녹아있는 온천과 이들 광물들이 내는 파장과 음이온들이 건강증진 효과가 있다고 믿어왔고 이용해 왔다. 대진 침대도 뭔가 독특하고 건강증진 효과가 있는 고급침대를 구상하다 보니, 가장 효과가 크다고 알려진 모나자이트를 매트리스 전체에 코팅한 제품을 팔았다. 방사성물질이 들어있다는 사실은 인지 못 한 것 같다. 모나자이트에는 U-238 와 Th-232가 미량 들어있는데, 이들이 방사성 붕괴를 하면서 라돈^{Rn}가스를 방출한다. 그림2.5에 우라늄과 토륨 붕괴계통도를 일부 나타내었다. 핵종들이 알파$^{\alpha}$붕괴를 하면 종이 한 장도 투과하지 못하기 때문에 외부 피폭의 경우 큰 문제가 없으나, 중간 생성물인 라돈이 기체라 공기 중으로 확산되어 인체 흡입으로 이어지기 때문에 문제가 된다. 실제 피해는 앞서 설명한 대로 라돈보다 자손핵종인 폴로니움^{Po}이 일으킨다. 모나자이트에는 토륨이 더 많기 때문에 라돈의 일종인 토론$^{Rn-220}$이 문제가 된다. 침대 매트리스 바로 위에서 측정한 토론 최고 피폭준위는 14mSv/yr 이였는데, 이는 환경부 공동주택 라돈기체 기준인 6.7 mSv/yr (방사능 농도 200 bq/m^3 일 때) 보다 두 배가량 높은 값이다. 하지만 그림2.5에서 보듯이 라돈이나 폴로니움은 반감기가 극히 짧기 때문에 매트리스에 비닐을 씌워 대기 중으로 확산되는 속도를 지연시키면, 자체 붕괴되어 방사선 피폭을 크게 줄일 수 있다.

전 세계적으로 이렇게 법적 방사성물질 규정에 포함되기에는 농도가 너무 낮고, 자연에 두루 존재하는 방사성물질들을 관리하기 위해 별도의 법적 관리체계를 세우는데, 우리나라는 2016년에 제정한 '생활주변 방사선 안전관리법'으로 이들을 관리한다. 그렇지만 발생 폐기물 처분 문제 등 사회 갈등 요소를 해결할 구체적 방안을 마련하지 못해, 좀 더 토론과 사회적 합의가 필요한 시점이다.

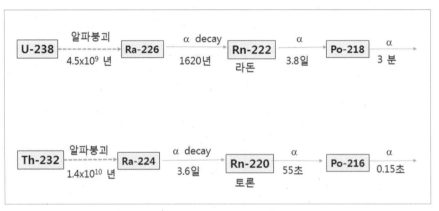

그림. 2.5 우라늄과 토륨의 붕괴도 일부

원자력과 방사성폐기물

우리나라는 산악지대라 광물이 다양하게 분포한다. 우라늄은 북한 쪽에 품질 좋은 광맥이 있고, 남한 쪽에는 괴산-옥천-금산 변성 퇴적암 지대에 주로 분포하고 있다. 약 1억 톤 정도로 예상하는데, 활용 가능한 건 24,000톤 정도로 추정한다. 원광석 톤당 우라늄 함량은 0.035%로 아주 낮은 편이다. 박정희 정부 시절에 기술자립과 자주국방을 표방하면서, 1970년대 중반 이후로 장거리미사일 개발을 국방과학연구소에서, 원자력 기술 자립을 위한 연구는 원자력연구소를 중심으로 펼쳐졌다. 우리나라는 원자력발전소를 20여 기 운영하지만, 핵연료인 농축우라늄은 전량 수입해 물리적 가공만 해서 핵연료다발을 만들어 발전소에 공급한다. 그래서 국산 우라늄 광물을 가공해서 국내 발전소에 핵연료로 활용 가능한지를 검토한 시기가 있었다. 이를 위해 괴산 우라늄광에서 시료를 채취해 여러 가지 분석을 하였는데 우라늄 함량이 낮아 경제성이 떨어졌다. 사용후 핵연료 재활용을 위한 재처리 기술도 프랑스기술을 도입해 국산화를 이룰 계획을 세웠다. 한울 1, 2호기가 프랑스 프라마톰에서 원자로를 공급받은 것이었다. 그러나 미국은 이를 좌시하지 않았다. 프랑스와의 기술협력 등 모든 원자력 자립 계획이 줄줄이 좌초되었고, 박정희는 1979년 10월 26일에 궁정동 안가에서 저격당했다. 이날은 70년 전인 1909년 10월 26일에 안중근이 하얼빈 역에서 이토 히로부미를 육혈포로 저격한 날이다. 묘한 역사의 대비점이다. 권력을 이어받은 전두환은 국방과학연구소 미사일 개발팀을 해체하고, 전 직원 1,800명 중 800여 명을 쫓아내 버렸다. 한국의 자주국방능력이나 우주기술 개발능력이 바닥에 떨어져 버렸고, 항공우주연구원을 설립해 다시 기술개발을 점화하는 데는 많은 시간과 재투자가 필요했다. 원자력연구소도 에너지연구소로 이름을 바꾸고 관련된 연구 프로젝트는 모두 사라졌다. 2009년에 한국이 아랍에미리트^{UAE}에 원전을 수출했는데, 기술 수출에 어려운 점 중 하나가 한국은 원자력발전 전체 공정을 다루는 기술이 없다는 점이다. 우라늄 농축가공기술 부재가 약점으로 작용한다.

　세월이 흘러, 방사성폐기물을 연구하는 나는 이 우라늄광맥 지역에 많은 관심을 가지고 있었다. 지하 암석에 박혀있는 우라늄 성분이 지하수와 접촉하면 용해되어서 지하수를 타고 이동해 갔을 것이다. 이들을 제대로 추적할 수 있다면, 실제 처분장에서 우라늄이 어떻게 이동할지 알 수 있을 것이다. 이렇게 자연현상에서 방사성폐기물 처분 같은 인위적 행위와 유사형태를 찾아내 연구하는 것을 자연유사$^{natural\ analogue}$라고 한다. 우리 팀

원자력과 방사성폐기물

에서도 우라늄이 지하에서 어떻게 이동했는지 파악할 수 있는 좋은 지역을 알아보기 위해 이 지역을 수차례 방문해 조사하였다. 괴산 근처 우라늄광맥 지역에 가까이 오면 흑석리에 흑석천이 흐른다. 바로 검은 돌이 많아 흑석리이고 그 돌 속에 우라늄이 들어있다. 돌을 깨고, 강물, 우물물, 지하수 등을 채취해 다양한 분석을 해 보았지만, 적은 연구비로 수행하기에는 너무 큰 작업이라 아쉬움을 머금고 접을 수밖에 없었다. 그렇지만, 주변을 흐르는 아름답고 파란 달천과 눈부신 모래사장이 있어 여름 주말에는 가족들과 놀러 오기도 했다. 자주 들렀던 강가에 민물고기 매운탕 집은 미식가를 위한 맛집으로 적극 추천해 주고 싶은 곳이다. 물론 먹은 민물고기들 속에는 우라늄이 다른 지역보다 조금 더 많이 들어 있을 가능성이 있지만.

마을에서는 우라늄이 석탄층에 퇴적한 곳이 많아 옛날부터 연료로 사용했다. 아궁이에서 우라늄탄을 사용해 밥을 지은 것이다. 또, 지하수에도 우라늄 함량이 높게 나온다. 이 지역 샘물과 지하수를 식수로 사용할 때에는 우라늄 함량 검사를 꼭 해야 한다. 이 지역 주민들은 의식하지 못하고 평생 우라늄 농도가 높은 환경에서 살아왔으므로 다른 지역과 비교해 질병발병률이 높을 가능성이 있다. 장기간 저준위 피폭이 건강에 미치는 영향을 검토할 좋은 대상이 되므로, 대학 연구팀이 역학검사를 수년간 수행했으나 타 지역과 뚜렷한 차이점을 발견하지 못했다.

참고

: 인물로 본 방사성물질 연구 개척사

※이 항목은 참고문헌 [2.6 ~2.10] 의 내용을 발췌 요약하고, 피폭에 대한 저자의 자료를 추가하여 편집하였다.

19세기 후반 과학계의 최대 성과는 X선과 라듐 방사능의 발견이었다. 이 두 가지 발견으로 원자물리학이 탄생하고, 물리, 화학, 의학 등 거의 모든 과학기술 분야에 심대한 영향을 미쳐 20세기 과학기술의 원천이 되었다. 이 두 성과는 서로 밀접한 연관이 있는데, 이들 발견의 주역으로 뢴트겐, 베크렐, 퀴리, 세 사람을 꼽을 수 있다. 이들의 삶과 연구에 대해서는 여러 과학사나 전기 서적에서 많이 다뤄 잘 알고 있지만, 이들이 방사선 피폭으로 말년을 어렵게 보낸 사실은 잘 알려져 있지 않다. 이들의 삶과 업적을 간단히 살펴보면서, 초기 인체에 대한 영향을 거의 의식하지 못한 채 실험과 연구를 거듭하다 보니 생긴 피폭 후유증도 살펴보자. 이들의 희생이 방사선 장해방어 위원회를 만들게 된 계기가 되었다. 더불어 온몸으로 미지의 세계를 파헤치고 들어가 현대 원자물리학을 태동시킨 이들에게 존경과 감사의 마음을 보낸다.

빌헬름 뢴트겐 Wilhelm Rhoentgen, 1845 - 1923

독일 프로이센의 레네프에서 출생했다. 네덜란드에서 유년 시절을 보냈고, 공업학교에서 퇴학당한 후, 졸업장이 필요 없이 시험성적으로만 뽑는 취리히 공과대학에 진학했다. 1869년 졸업 후 여러 대학교수를 거쳐 1900년 뮌헨대학교 교수가 되었다. 1880년 전자기장 내에서 운동하는 유전체誘電體에 생기는 뢴트겐 전류를 발견하였다. 뷔르츠부르크대학교로 옮길 무렵부터 음극선 연구에 착수하여, 1895년 검은 종이로 완전히 싼 크룩스 관 Crookes管으로 음극선 실험을 하다 우연히 사이안화백금바륨을 칠한 널빤지가 형광을 내는 사실을 관찰하였다. 이 형광이 발생하는 원인이 방전관에 있음을 밝혀냈고, 여러 물체에 대해 기존의 광선보다 큰 투과력을 가진 방사선放射線의 존재를 확인하였지만 정체를 몰라 X선이라 명명하였다. 그림 2.12는 뢴트겐이 X선을 발견한 뒤 실험을 거듭하다가 1895년 12월 22일 호기심에 부인의 손을 찍은 것이다. 약지에 낀 결혼반지가 돋보인다. 세계 최초이자 세상에서 가장 유명한 X선 사진이다. 이 사진을 통해 뢴트겐은 살아 있는 사람의 뼈를 X선을 통해 찍을 수 있다는 점을 확인했으며 곧이어 의학에 활용되면 생길 가능성을 의사들이 알아챘다. 12월 28일 뢴트겐은 『새로운 종류의 광선에 대하여』라는 논문을 발표했다. 이듬해 1월부터 X선에 대한 소식은 전 세계 학계로 퍼져나갔고, 언론도 X선 발견을 대서특필하면서 뢴트겐은 세계적인 유명인사가 됐다. X선 발견은 '20세기 물리학의 새로운 혁명의 출발점'이라고 할 만큼 중요한 사건이었다. 뢴트겐은 X선 특허를 신청하지 않았고, 과학적 발명은 온 인류가 공유해야 한다고 생각하였다. 뢴트겐의 업적을 기려 공간 조사선 량단위로 뢴트겐R을 사용한다.

X선이 널리 알려지면서 부작용도 서서히 드러났다. 발명왕 에디슨이 변형한 음극관으로 X선 발생장치를 만들어 뇌 사진을 찍는 실험을 하던 도중 실험 조수인 데일리가 머리털이 모두 빠지고 피부궤양에 걸려 1904년 39세로 사망하였다. 미국에서 X선으로 사망한 최초의 사람이다.

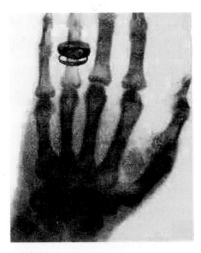

그림 2.6
세계 최초의 X선 사진인 뢴트겐 부인의 손.

뢴트겐의 발견에 자극 받은 프랑스의 베크렐은 최초로 우라늄에서 방사선을 발견했다. 또한, X선 발견에 결정적인 계기가 된 음극선연구가 더욱 활발해지면서 1897년 영국의 톰슨은 음극선의 전하량과 질량의 비를 측정하는 데 성공했다. 이를 계기로 빛의 입자성이 강력하게 부각됐다.

음극선의 입자성 발견은 20세기에 상대성 이론이 출현하는 중요한 계기가 됐고, 이어 X선의 본성에 대한 논쟁과정에서 '빛이 파동이면서 입자라는 이중성을 갖고 있다'는 새로운 인식도 생겨났다. 또, 방사선의 발견은 핵변환의 발견, 핵분열의 발견으

원자력과 방사성폐기물

로 이어지면서 20세기는 핵에너지 시대로 진입했다. X선의 발견은 20세기 과학의 모습을 바꾸는 결정적인 전환점이 된 것이다.

앙투안 앙리 베크렐 Antoine Henri Becquerel, 1852 - 1908

프랑스 파리에서 태어났는데, 가문이 유명한 과학자 집안이었다. 할아버지는 국립자연사박물관의 물리학 교수를 지내며 인광燐光, 전기, 열 등에 관해 다양한 연구를 수행했다. 아버지는 빛의 화학작용에 관해 연구했는데, 특히 형광螢光 전문가로서 우라늄을 대상으로 연구했다. 이처럼 인광이나 형광과 같은 빛의 화학작용에 관한 연구는 베크렐 가문의 전통이었다. 인광은 에너지원이 제거된 후에도 빛이 나지만, 형광은 에너지원이 제거될 때 빛의 방출이 멈추게 된다. 앙리 베크렐이 방사능을 처음으로 발견할 수 있었던 것도 인광과 형광에 관한 연구에서 비롯되었다. 훗날 앙리 베크렐은 다음과 같이 회고했다.

"뉴턴이 거인들의 어깨 위에 섰다고 표현한 것처럼 나의 연구는 아버지와 할아버지 덕택에 이루어진 것이었다."

앙리는 어릴 적부터 아버지의 실험실에 친숙해졌고, 자연스럽게 과학자의 길을 희망하여 20세에 에콜 폴리테크닉에 진학했다. 2년 뒤에는 토목학교로 옮겨 수학과 토목공학을 공부했다. 당시 토목학교나 에콜 폴리테크닉은 프랑스의 과학 엘리트를 양성하는 기관이었다. 편광된 빛에 대한 자기장의 효과를 분석한 연구로 1888년에 파리대학교에서 박사학위를 받았다.

방사능에 관한 연구는 뢴트겐이 발견한 엑스선에서 비롯됐다. 이를 계기로 베크렐은 형광물질이 엑스선을 내는지 연구했다. 몇 주 동안 실험을 통해 우라늄 이황산염이 인광을 내고 있는 동안 엑스선과 유사한 선을 방출한다는 걸 알아냈다. 1896년 5월까지 실험결과, 새로운 광선이 외부 에너지원이 아니라 우라늄 자체에서 나온다는 점을 알아냈다. 이 광선은 훗날 마리 퀴리에 의해 방사선으로 불리게 된다.

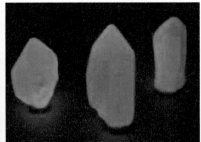

그림 2.7
국립자연사박물관에서 근무할 때 베크렐의 모습(왼쪽), 인광물질(오른쪽 위)과 최초로 찍은 방사선 사진(오른쪽 아래)

베크렐도 방사선 피폭으로 건강을 해쳤다. 베크렐은 마리가 추출한 라듐을 며칠 동안 상의 주머니에 넣고 다녔는데, 젖가슴에 궤양이 생겼다. 이 상처는 회복되지 않았고 1908년 사망했다.

이 소식을 듣고, 피에르 퀴리도 확인차 팔목에 라듐을 붙여 놓았는데, 몇 시간 후에는 반점이 생기고 4일 후에 수포가 생겼으며 궤양으로 변해 치료가 잘 되지 않았다. 쥐에게 라듐을 방사하자 마비 증세를 보이다가 죽어버렸다. 방사선의 피폭이 생체에 주는 악영향을 그때야 비로소 인식하게 되었다.

베크렐과 퀴리 부부는 프랑스를 대표하는 실험과학자로서 서로를 존중하는 관계를 유지했다. 1903년 6월에 마리 퀴리가 박사 학위를 받을 때 베크렐은 지도교수를 맡았다. 같은 해 12월에 베크렐은 퀴리 부부와 함께 노벨 물리학상을 수상하였다. 당시에 노벨상위원회는 다음과 같이 평가했다. "베크렐의 선구적 조사가 퀴리 부부에게 새로운 발견의 길을 마련했으며, 퀴리 부부의 발견은 베크렐의 연구가 가진 중요성을 더욱 값지게 만들었다."

마리 퀴리 Marie Curie, 1867 ~ 1934

폴란드 출신의 유대인 프랑스 과학자로 방사능 연구에서 선구적인 업적을 남겼다. 마리는 1867년 11월 7일에 러시아 지배하 폴란드의 수도 바르샤바에서 다섯 아이 중 막내로 태어났다. 학교 교사였던 아버지와 어머니의 가문은 집안 재산을 폴란드 독립을 위한 애국 운동에 다 썼고, 자식들은 제정 러시아의 압정 아래 경제적인 어려움 속에서 자랐다. 러시아는 폴란드의 문화와 전통을 무시했고, 폴란드어로 수업하는 것까지 탄압했다. 폴란드인들에게는 참으로 어둡고 슬픈 시절이었다. 20세기 초 한국이 겪은 일제강점기와 같은 상황이다. 어머니는 마리가 10살에 폐결핵으로 사망했고, 3년 뒤에 마리의 언니 조피아가 발진티푸스로 사망했다. 가족이 죽자 가톨릭을 버리고 무신론으로 돌아섰다.

마리아는 바르샤바의 기숙학교에서 공부했지만, 당시에는 프랑스 대학만 여학생을 받았다. 유학비용을 마련하기 위해, 언니가 먼저 파리에서 공부할 때 자신이 가정교사로 돈을 벌어 언니 학비를 대고, 3년 뒤 돈을 마련해 파리로 유학을 갔다. 24살인 1891년에 프랑스 소르본 대학에 입학했고, 추위와 배고픔을 참아가면서 수학과 물리학을 전공해 가장 뛰어난 성적으로 1893년에 졸업했다. 리프만의 실험실에서 강철의 자성을 연구한 마리는 프랑스 물리학자 피에르 퀴리Pierre Curie를 알게 되었고, 동료애로 시작한 둘의 관계는 사랑으로 발전해 1895년에 결혼을 했다. 두 사람 모두 종교적 결혼의식을 원치 않아 평상복을 입고 식을 올렸다. 둘은 과학 열정을 공유했고, 자전거 여행과 해외 여행을 즐겼다. 피에르는 마리에게 있어서 새로운 사랑이었고, 그녀가 의지할 수 있는 과학 연구의 동업자였다.

1895년에 뢴트겐은 엑스선을 발견했고, 1896년에 베크렐은 우라늄에서 엑스선과 비슷한 투과력을 갖는 광선이 나오는 현상을 발견했다. 마리는 피에르 퀴리가 발명한 전압기를 이용해서 이 현상을 연구한 결과, 우라늄에서 나오는 광선이 우라늄 분자들 사이의 상호작용에서 나오는 것이 아니라, 우라늄 원자 자체에서 나온다는 사실을 알았다. 원자가 안정된 것이 아니며, 그

원자력과 방사성폐기물

그림 2.8
실험실에서 피에르(왼쪽 중앙)과 마리(왼쪽사진 오른쪽)퀴리 부부.
오른쪽 사진은 제1차 세계대전 동안 사용한 엑스선 트럭

속에 엄청난 에너지를 담고 있다는 사실을 최초로 추측할 수 있었던 놀라운 실험적 발견이었다.

1897년에 딸 이렌Irene이 태어났다. 마리는 가족을 부양하기 위해 에콜 노르말에서 학생들을 가르쳤다. 실험실이 없어 물리화학과 건물 옆 오두막을 개조해 연구했다. 당시에는 방사능의 위험이 알려지지 않아, 보호 장비도 없이 실험했다. 1898년 독일에서 채굴한 역청우라늄인 피치블렌드가 순수 우라늄보다 방사능이 훨씬 크다는 사실에 주목했다. 그 안에 또 다른 방사성 원소가 있을 것으로 추측했다. 이 원소를 분리해내기 위해 광물을 가루로 만들고 산으로 용해한 후 침전시키는 과정을 지루하게 반복하여 우라늄과 다른 원소들을 분리했다. 이 중 미량의 흑색 분말에서 우라늄보다 400배 이상 강한 방사선이 나왔다. 7월에 이 원소를 조국 폴란드의 이름을 따 폴로늄Po이라 명명했다. 그 후, 폴로늄을 분리해냈는데도 여전히 강한 방사선을 내는 물질이 있었고, 마침내 12월 26일에 이것도 분리해 냈는데, 우라

늄보다 300만 배나 강한 방사능을 내었다. 어두운 곳에서 푸른 빛을 내기에 라틴어 "Radius"에서 따와 라듐^{Radium, Ra}이라 명명했다. 라듐은 우라늄광물에 백만 분의 일 정도 극소량만 들어있어 당시 기술로 이 미지의 원소를 분리하는 작업은 대단한 고난이었다. 1902년에는 8톤의 우라늄 광석을 처리해 0.1g의 순수 염화라듐을 얻었고, 1910년에는 염화라듐을 전기 분해해 금속 라듐을 얻었다. 이렇게 라듐은 자연에서 극소량만 존재하고 추출이 워낙 어려워, 이후 라듐값이 1g에 15만 달러까지 호가하였으므로 퀴리는 라듐 생산기술로 큰돈을 벌 수 있었다. 하지만, 엑스선 특허를 내지 않은 뢴트겐과 같이, 특허를 내지 않고 기술을 공개해 모든 사람이 쓸 수 있게 하였다.

베크렐과 퀴리의 방사선 발견이 중요한 것은 X선과 차이점을 명확히 알아낸 것이다. X선은 전원을 차단하면 사라지지만 방사성물질은 외부조건에 관계없이 같은 강도의 에너지파를 내었다. 이 현상은 열역학 제1 법칙인 에너지 보존법칙을 위배하는 것으로 보여 이에 대한 해석으로 캘빈과 멘델레예프는 공기 중 에테르를 흡수해 파장으로 방출한다고 설명했다. 그러나 마리는 원소 내에서 에너지 입자가 나오는 것이며 방사능이라 명명했다. 이 주장은 후학들에게 강한 지적 자극을 주어 원자구조를 밝히는 데 큰 동인을 제공했다. 원자는 가장 작은 미립자라는 이론은 깨졌다. 방사선에서 나오는 미세입자는 이 원자에서 나온 것이기 때문이다.

노벨상을 받고 피에르 퀴리가 소르본 대학의 교수가 되면서 마리는 남편 실험실의 주임이 되어 본격적으로 실험할 수 있게 되었다. 1904년에 두 번째 딸 이브를 낳았다. 그런데 갑자기 1906년 4월 19일에 피에르가 폭우 속 퐁뇌프 다리에서 마차에 치여 즉사하였다. 소르본 대학은 피에르의 교수직을 마리에게 주기로 결정했다. 이로써 마리 퀴리는 파리 대학의 첫 번째 여성 교수가 되었다. 그러다 1911년 마리가 피에르의 제자였던 5세 연하의 폴 랑주뱅과 스캔들이 터졌다. 이때 랑주뱅은 아내와 별거 상태였다. 퀴리의 집 앞에 군중들이 몰려들었을 정도로 세간의 관심과 비난을 받았고, 마리는 자살까지 생각하였다. 그럼에도 스웨덴 왕립 과학 아카데미는 1911년에 라듐과 폴로늄의 발견, 그리고 라듐의 분리에 대한 업적을 기려서 마리 퀴리에게 노벨 화학상을 수여했다. 이제 마리는 두 개의 노벨상을 수상한 최초의 과학자가 되었다. 이 노벨상에 힘입어서 스캔들을 이겨내고 1914년에는 소르본 대학에 라듐 연구소를 건립하였다. 학회는 마리의 업적을 기려서 방사능 단위와 화학 원소 퀴륨에 각각 퀴리의 이름을 붙였다.

제1차 세계대전이 발발하자 마리 퀴리는 전장에서 엑스선을 이용해 부상병을 치료하는 일에 자원했다. 병사들은 이 엑스선 트럭을 '작은 퀴리'라고 불렀고, 이 작업이 확대되자 치료를 담당하는 전문가 교육도 시켰다. 이런 활약은 프랑스 사회가 퀴리를 프랑스의 시민으로 받아들이는 데 큰 역할을 했다. 마리 퀴리는 프랑스 시민증을 가졌지만 폴란드인으로서 정체성도 잃지 않았다. 딸들에게 폴란드어를 가르쳤고 그녀가 밝혀낸 첫 번째 화학원소에 고국의 이름을 따서 폴로늄이라는 이름을 붙였을 정도로 조국에 대한 애정이 깊었다.

그림 2.9

라듐을 함유한 각종 식용 제품들. 왼쪽은 초콜렛. 오른쪽 두 병은 만병통치약으로 쓰인 라듐 함유 물. 병원의사들이 치료약으로 팔았다.

　　1920년대에 접어들면서 라듐 연구소의 연구원들이 악성 빈혈이나 백혈병으로 목숨을 잃는 일이 발생했다. 마리의 몸도 정상은 아니었다. 방사선에 지속적으로 노출된 결과였다. 그리고 1934년 7월 4일 프랑스 한 요양원에서 66세의 나이로 사망했다. 그녀의 사인은 방사능에 과다 노출되어 생긴 무형성 빈혈aplastic anemia로 일종의 재생불량성 빈혈이다. 폐도 방사선장해를 입었다.그녀는 사망할 때까지 방사능의 위험을 크게 인식하지 못했는데, 노출된 방사능량이 커서 지금도 그녀의 실험실 노트는 차폐해야 볼 수 있다. 1953년에 인공 방사능을 발명한 공로로 노벨 화학상을 받은 딸 졸리오 퀴리도 방사능 과다 노출로 백혈병에 걸려 사망하였다. 과학자뿐만 아니라 당시 일반인들도 엄청난 피폭을 당하고 사망했다. 푸른빛을 내는 라듐이 만병통치약으로 인식되어 그림2.9처럼 별의별 건강제품이 판매되었기 때문이다. 산업체에서는 야광시계 도료로 라듐을 사용했다. 도장공들은 대부분 어린 소녀들radium girls이였는데, 시계 문자판에 작은 글자를 넣기 위해 붓을 핥아 가늘게 만들어 사용하다 보니 라듐을 섭취하게 되어, 줄줄이 골육종 등 현재는 삼중수소가 야광도료로 사용된다. 라듐은 몸에 들어가면 주로 뼈에 축적된다. 골수가 파

　　　　　　　　　　　　　　　원자력과 방사성폐기물

괴되고 뼈에 암세포가 생기기 쉽다. 우라늄이나 토륨이 붕괴하는 과정에서 라듐이 생성되고, 라듐이 알파붕괴하면 우리에게 익숙한 라돈^{Rn}가스가 생성된다. 지하 환경에서는 암석에 갇혀있던 라돈가스가 스며 나와 인체에 해를 끼친다. 특히, 폐에 영향을 많이 미친다. 광부들이 지하갱도에서 라돈가스와 석탄가루를 많이 흡입하여 폐암과 폐기종으로 많이 고통을 당했다.

이런 초기 방사성물질 연구자들과 시민들의 잇따른 피폭 영향을 인식하게 된 학계는 이를 본격적으로 관심을 갖고 연구하게 되었으며, 1928년 국제X선라듐방어위원회를 설립하여 체계적인 연구를 시작하였고, 1945년 일본에 원폭투하로 방사선장해 문제가 크게 부각됨에 따라 1950년에 국제방사선방호위원회[ICRP]로 확대 개편하였다.

마리는 남편 피에르가 안장되었던 공동묘지에 묻혔다. 그리고 이들의 유해는 60년 뒤인 1995년에 프랑스의 위인들이 안장된 판테온으로 옮겨졌다. 볼테르, 루소, 에밀 졸라, 빅토르 위고 등 남성들의 전유물이 되다시피 한 그곳에 이민자 출신의 여성 과학자가 묻혔다. 그녀가 활동하던 시절만 해도 과학자 집단은 남성들의 전유물이나 마찬가지인 배타적이고도 공고한 사회였다. 마리 퀴리는 그야말로 세찬 격류를 홀로 헤치고 올라가 우뚝 선 전범典範 이었다.

그림 2.10 폴란드에서 마리 퀴리를 기념해 발행한 화폐

3 방사성폐기물의
발생원별 특성

3.1
원자력 이용과
방사성폐기물의 발생

방사성폐기물이란 방사성물질 그 자체가 더 이상 활용가치가 없어 폐기하거나 이들로 오염된 물질로 버려야 할 쓰레기이다. 방사성폐기물이 원자력학회에서 정한 공식용어이고, 줄여 말할 때는 방폐물이라고 약칭한다. 한편, 반핵단체에서는 핵폐기물이란 용어를 많이 쓰는데, 핵폐기물이라고 하면 핵폭탄이 터진 후 생성된 핵물질 폐기물이란 어감이 느껴지므로 일반 원자력 사용으로 발생하는 모든 방사성 오염폐기물을 총칭해 과학자들은 방사성폐기물이란 용어를 쓴다. 원자력법에서도 방사성폐기물을 법적 용어로 사용한다.

방사성물질은 일반인들의 상상을 초월하는 상당히 다양한 곳에서 발생한다. 우선, 우주가 생성될 때에 자연발생한 방사성물질이 있다. 지구생성과 그 이후로 계속된 핵융합, 핵분열 반응과 방사성핵종의 자연붕괴로 이어지는 다양한 방사성핵종이 암석, 토양, 물속에 녹아있다. 가장 많은 핵종이 우라늄, 토륨, 라돈,

칼륨K-40이다. 그래서 석조건물이나 터널, 지하철 지하공간에 들어가면 라돈이 기체상으로 스며 나와 흡입될 수 있다. 다행히 이들의 방사선 세기는 미약해서 큰 문제는 일으키지 않지만, 법적 관리가 필요하기 때문에 방사성폐기물과 같은 차원으로 관리하기 위해 생활방사선법으로 이들의 농도를 규제하고 공기순환 등을 규정하고 있다.

다음으로, 현대문명의 부산물인 인위적인 방사성폐기물인데, 원자력 발전 시 발생하는 폐기물이 가장 많고, 그 밖에 다양한 산업분야에서 발생한다. 현대인의 삶에서 방사선 이용분야를 찾아보자면 단지 주변을 한번 둘러만 보아도 몇 개는 찾아낼 수 있을 정도로 다양하다. 트리튬H-3은 시계 야광도료나 비상구 표시에, 연기감지기에는 아메리슘Am-241이 들어있다. 이런 예는 사실 방사성 물질이지만 법적으로 방사성 동위원소로 규정하지 않는 것이다. 앞으로 다루겠지만 방사능 준위가 낮고 관리체계가 잘 정비되어 일반인들은 몰라도 문제가 없는 물질이 있다. 우라늄 핵분열을 이용해 원자력발전을 하는 과정에서 발생하는 폐기물량이 가장 많지만, 방사선을 이용하는 병원, 연구기관, 대학, 산업체 등에서도 방폐물을 발생시킨다. 우리나라에서 방사성폐기물이 발생하는 시설을 표 3.1에 정리하였다. 국내 원전은 2018년 6월 현재, 24기가 가동 중이고, 5기가 건설 중, 4기가 건설취소, 2기는 건설취소 검토 중이다. 이 중 월성 4기는 중수로이고 나머지는 경수로다. 중수로는 캐나다에서 개발한 원자로형CANDU으로 천연우라늄을 그대로 사용해 우라늄-235의 함유율이 낮기 때문에 단위 전기 생산량당 연료사용량이 많고 사용후핵연료 발생량도 많다.

나머지는 모두 미국에서 개발한 경수로형으로 우라늄-235를 3~5% 수준으로 농축한 연료를 사용한다. 1990년대 중반 이후부터는 한국표준형원전을 개발해 국산 경수로를 건설한다. 원전 24기의 발전설비 용량은 22,530MW이다. 이 중 고리 1호기가 2017년 6월로 설계수명이 완료되어 영구정지 하였고, 5년간 냉각 및 방사능 감쇠 후 폐로 절차를 밟을 예정이다. 2022년까지 수명연장 하였던 월성1호기는 조기 폐쇄할 예정이다. 그래서, 2020년대 말까지 모두 11기가 수명 종료될 예정이다.

표 3.1 한국에서 원자력 관련 시설

구 분			시설수	소속
원자로	발전용 원자로	가동 중	24	고리 3, 신고리 3, 한빛 6, 한울 6, 월성 4, 신월성 2
		건설 중	5	신고리 3, 신한울 2
		건설 취소	4	대진 2, 천지 2
	연구용 원자로		1	한국원자력연구원
	교육용 원자로		1	경희대학교 원자력공학과
핵주기 시설	핵연료 가공시설		1	한국핵연료주식회사
	사용후핵연료 처리시설		1	한국원자력연구원
중저준위 방사성폐기물 처분시설			1	한국원자력환경공단
방사성동위원소 이용시설			5,155	산업체

원자력과 방사성폐기물

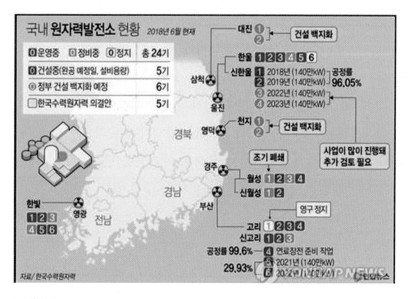

그림 3.1
우리나라 원자력발전소 현황. 출처: 연합뉴스 2018. 06

　신규 원전은 현재 5기가 건설 중이나, 문재인 정부의 탈원전 정책에 따라 건설 진척도가 27% 수준인 신고리 5, 6호기는 건설 중단 여부를 국민 공론화 절차를 거친 결과, 건설 재개로 합의를 이루어 냈다. 영덕에 계획 중이던 천지 1, 2호기는 부지매입을 중단했고, 삼척에 예정되었던 대진1,2호기도 건설 백지화를 선언했다. 울진에 신한울 3, 4호기는 설계용역을 중단했으나 사업이 많이 진행되어 추가 검토를 더 하여 결론을 낼 전망이다.

표 3.2
방사성동위원소 등 이용기관 현황. 2012.12 기준

구분	산업체	의료기관	교육연구기관	합계
기관 수	4,353	185	617	5,155
점유율 %	84.4	3.6	12	100

이렇게 탈원전 정책과 환경오염도가 높은 석탄발전소를 계속 줄여나갈 경우, 대체 에너지원 확보가 중대한 국가과제가 될 전망이다.

원자력 시설 중 가장 많은 숫자는 동위원소이용시설인데, 이를 다시 분류하면 표 3.2와 같다. 산업체가 압도적으로 많고, 큰 병원은 모두 방사성물질을 사용하며 폐기물을 발생시키고, 종합대학도 대부분 방사성물질을 이용한 연구를 하고 있다. 산업체에서는 비파괴 검사기관이 가장 많고 주로 밀봉방사선원을 사용한다. 비파괴검사는 코발트-60, 이리듐-192 등을 사용해 방사선을 쪼여 방사선투과 정도를 보는 것이다. 조선소의 대형선박들은 선체를 조각조각 따로 제작해서 끼워 맞추는 방식인데 철로 된 조각의 이음새는 모두 용접작업을 해야 하므로 조선작업에는 용접이 작업량의 절반이라고 할 수 있다. 이 용접부위 밀도가 일정해야 하므로 품질검사로 이를 확인해야 하며, 이 품질검사를 바로 방사선조사로 해결한다. 현대의학에서는 방사성시약을 이용한 진단이 반 이상을 차지하는데, 병원에서는 진단용으로 반감기가 며칠 이내로 짧은 핵종을 주로 사용하므로 일정 기간 보관하면 방사능이 대부분 사라지는 특성이 있다. 요오드-125,131은 갑상선에, 크로뮴$^{Cr-51}$은 비장, 셀레늄$^{Se-75}$는 췌장, 스트론튬$^{Sr-85}$는 뼈, 테크니슘$^{Tc-99m}$은 뇌, 간, 폐 등 진단에 사용한다. 치료용으로 쓰는 방사선 기기들은 감마선조사기, 감마나이프 등등 점점 사용이 증가추세에 있다. 교육연구기관에서는 다양한 종류의 폐기물이 발생하며 대부분 방사능 준위가 낮다.

3.2
방사성폐기물의 분류

방사성폐기물은 방사능준위와 물리적 성상에 따라 두 가지 방식으로 분류한다.

먼저, 방사능 세기에 따라 고준위, 중준위, 저준위, 극저준위, 자체처분 폐기물로 분류할 수 있다. 국제적 기준에 따라 2014년에 원자력안전법에 이 방식으로 규정하였다. 이전에는 고준위와 중저준위 두 가지로만 분류하였다. 표 3.3에 분류 특성을 요약하였다. 자체처분 폐기물이란 방사성 오염물질이 자연 방사선 세기 수준 이하로 떨어져 방사성폐기물로 관리할 필요가 없는 쓰레기를 이른다. 법적으로는 연간 예상피폭선량이 0.01mSv 수준 이하이여야 한다. 또한, 방사성 핵종별로도 방사선세기가 규정되어 있는데, 예로 세슘[Cs-137]의 경우, 그램당 0.1bq 미만이어야 한다. 한국식품공전에서 방사능오염 판별 기준은 세슘의 경우 그램당 0.1베크렐[0.1bq/g, 100bq/kg]으로 자체처분폐기물 농도 제한치와 같다. 사람이 연간 받는 자연방사선량이 2.4mSv이므로 그 200배 이하 수준이다.

극저준위는 방사능농도가 자체처분 허용농도보다 높고 100배 미만인 것을 이른다. 대부분 단반감기 핵종들이 주성분이다. 세슘$^{Cs-137}$의 경우, 그램당 10bq 미만이어야 한다. 저준위는 자체처분 허용농도보다 100배 이상이면서 중준위규정 아래 수준 농도를 이른다. 중준위폐기물은 수년 이상의 반감기를 가진 핵종들이 주를 이루며, 핵종별로 방사선 세기를 규정하였는데, 예로 Cs-137은 그램당 1.0×10^6bq 이상 수준을 이른다. 고준위폐기물은 우리나라에서는 사용후핵연료만 해당하는데, 사용후핵연료를 재활용하기 위해 가공하는 공정을 재처리$^{再處理, retreatment}$라고 하며, 재처리를 통해 나오는 고농도 방사성물질도 고준위폐기물에 포함한다. 우리나라 원자력법에서 고준위폐기물은 반감기가 20년 이상으로 알파선을 4KBq/g 이상 수준으로 방출하고 열 발생이 $2kW/m^3$를 초과하는 폐기물을 이른다. 여기서, 4,000Bq/g은 라듐$^{Ra-226}$ 0.1μg이 내는 방사능량이다. 또, $2kW/m^3$는 사용후핵연료를 운반용기에 넣었을 때 연료의 표면온도가 약 100℃ 되는 열 발생률이다. 우리나라에서는 방사성폐기물을 관리할 때, 사용후핵연료인 고준위와 중저준위폐기물 두 가지로 분류해 다룬다.

방사성폐기물 중 중저준위는 부피로 약 90%를 차지하지만 총 방사능은 약 1%에 불과하다. 반면, 고준위폐기물은 부피는 1% 미만이지만 방사능은 95%를 차지한다. 현재, 한국에서 중저준위 폐기물은 발생에서 최종 무덤까지, 즉 경주처분장까지 모든 관리체제가 수립되어 운영되고 있다. 그런데 고준위폐기물인 사용후핵연료의 발생량은 원자력발전으로 계속 늘어나고 있으나 최종 관리 체제를 아직 만들지 못해 앞으로 원자력 산업에 큰 부담이자 국가적 주요 관심사가 될 전망이다.

다음으로 방사성폐기물은 물리적 성상기준으로 기체, 액체, 고체 폐기물로 나눈다. 이 중 기체, 액체는 유동성이 높으므로 안전한 관리를 위해 고체형태로 만들어 관리한다. 성상별 폐기물의 특성과 핵종들에 대해서는 폐기물이 가장 많이 다양하게 발생하는 원자력발전소 폐기물을 살펴보면서 다루고자 한다.

표 3.3
방사능 세기에 따른 방사성폐기물 분류

분류	특성	방사능세기 예시(bq/g)
고준위	반감기가 20년 이상 알파선 방출 열발생이 2kW/m^3 이상 사용후핵연료, 재처리 폐기물	전알파 4,000 이상
중준위	주로 수년 이상 반감기를 가진 핵종 핵종별로 방사선세기를 규정 폐수지, 폐필터	Cs-137 1.0x10^6 이상 Sr-90 7.4x10^4 Co-60 3.7x10^7 전알파 3,700
저준위	자체처분 허용농도의 100배 이상 장갑, 작업복, 실험기구 등 잡고체	Cs-137 10 이상 Sr-90 100
극저준위	자체처분 허용농도 이상 및 100배 미만, 주로 단반감기 핵종	Cs-137 10 미만 Sr-90 100
규제해제 (자체처분)	반감기 100일 이하 β/γ 100Bq/g 미만 연간 예상피폭선량 0.01mSv 미만 총피폭선량 1man-Sv 미만	Cs-137 0.1 미만 Sr-90 1.0

3.3
원자력 발전에서 방사성폐기물의 발생

원자력발전소에서 발생하는 방사성폐기물은 두 가지 생성원이 있다. 주요 생성원은 우라늄이 핵분열하면서 만들어내는 다양한 방사성핵종들이다. 두 번째 생성원은 원자로 내에서 처음엔 방사성물질이 아니었으나 수많은 중성자와 부딪혀 핵반응이 일어나 방사성물질로 변하는 것이다. 이 반응을 방사화라고 한다. 마치 철을 자석 가까이에 오랫동안 놓아두면 자성을 띠는 것과 비슷하다. 그럼, 원자력으로 전기를 발생시키는 구조를 간단히 살펴보면서, 방사성폐기물이 어떤 과정에서 발생하는지 좀 더 구체적으로 알아보자. 전기발생원리는 수력, 화력, 원자력이 모두 동일하다. 물로 터빈을 돌려 이때 발생하는 기전력으로 전기를 생산하는 것이다. 수력은 흐르는 물의 운동에너지를 이용해 터빈을 돌리고, 화력·원자력은 물을 끓여 수증기를 만들고, 그 수증기로 터빈을 돌린다. 화력과 원자력은 물을 끓이는 연료만 차이가 난다. 그림 3.2는 경수로 내부구조를 개념적으로 간단히 도식화한 것이다. 가운데 빨간 것이 핵연료인데, 핵연료는 우라늄산화물UO_2 형태로 딱딱한 금속 덩어리다. 안전을 위해 이 우라늄연료를 지르코늄합금 피복재 튜브에 넣고 다발로 묶은 형태다. 핵분열이 시작되면 우라늄원자 한 개당 200MeV의 에너지를 발생시킨다. 우라늄 1g은 앞 장에서 언급한 대로 $1,0^{10}$줄$Joul$의 열을 내고, 이 열량은 석탄 3톤을 태워 내는 양이다. 핵분열 반응이 시작되면 우라늄원자가 쪼개지면서 다양한 방사성핵종들이 만들어지기 시작한다. 가장 많이 발생하는 것이 세슘$Cs-137$과 스트론튬$Sr-90$이다. 이외에도 요오드$I-131,129$, 세륨$Ce-144$ 등이 발생한다. 이들은 생성되더라도 우라늄구조체 내에 갇혀있는 형상이지만 원자로 내 150기압에 300도 고온조건에서 기체형태를 띠기 때문에 분자 수준의 우라늄입자 경계 사이 틈으로 조금씩 빠져나와 우라늄연료와 지르콘 피복관 사이 틈바구니에 모여든다. 이제는 조그만 피복재에 결함이나 부식으로 인한 손상이라도 있으면 그곳을 통해 1차 계통수에 녹아든다. 결함이 없더라도 지르콘 튜브층 내부 분자구조를 비집고 들어갈 틈이 조금씩 존재하므로 격자 내 확산을 통해 냉각수에 극소량이나마 녹아든다. 우라늄은 핵분열반응뿐만 아니라 중성자와 결합해 더 큰 원자량을 가진 초우라늄원소인 넵튜니움Np, 플루토늄Pu, 아메리슘Am, 퀴륨Cm 같은 핵종들도 생성한다. 이들은 대부분 우라늄 격자 내에 갇혀있다.

두 번째, 방사성핵종이 만들어지는 과정은 원자로 내 일반물질의 방사화 반응이다. 원자로 내에서 핵분열반응으로 중성자가 많이 발생하는데, 지르코늄 피복관과 스텐연료다발 지지봉 등이 중성자와 반응해 코발트Co-60, 니켈Ni-59,63, 철Fe-55, 니오비움Nb-94, 테크니슘 Tc-99 등을 생성한다.

이렇게 생성된 방사성핵종들이 핵연료에서 녹아 나와 일차계통수를 따라 전기를 생산하는 터빈지역까지 이동하면, 터빈과 주변장치들을 오염시키므로 방지책이 필요하다. 그래서 일차계통수와 터빈을 분리하고 중간에 2차 계통을 설치하여 열교환반응을 통해 원자로에서 데워진 물의 열량만 빼낸다. 그림 3.2에서 파란색으로 표시한 물 순환 계통이 바로 2차 계통수다. 앞에

그림 3.2
원자력발전소 내부구조위와 발전소 모형. 가운데 둥근 돔이 원자로 격납고

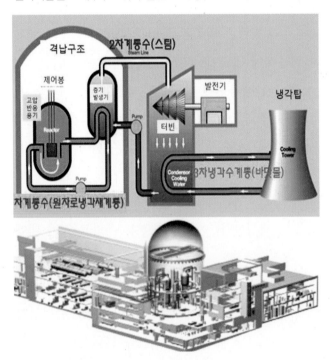

원자력과 방사성폐기물

핵연료와 직접 접촉하는 물은 1차 계통수라 하고, 사고에 대비해 원자로와 1차 계통수는 거대한 1.5m 두께 콘크리트 돔으로 밀폐한다. 사고가 나더라도 이 돔 안에서 빠져나오지 못하게 하기 위함이다. 그다음 1차 계통수 오염방지책은 물을 옆으로 빼내어 물속에 있는 방사성물질을 제거하고 다시 1차 계통으로 돌려보내는 것이다. 물리적 여과기로 입자성 물질을 거르고, 이온교환수지로 물에 용해된 이온들을 잡는다. 이 공정에서 시료채취한 1차 계통수, 방사성핵종이 침적된 폐필터와 폐이온교환수지 등이 고준위 외에 가장 방사능준위가 높은 중준위폐기물이 된다. 또한, 작업 시 사용했던 작업복, 장갑, 휴지, 기구 등이 저준위폐기물이 된다. 휘발성 기체핵종들도 포함되어 있어 액체에서 쉽게 분리되므로 포집해 관리해야 한다. 특히 기체와 액체폐기물은 유동성이 크므로 발생 즉시 도망가지 못하게 붙잡아 놓는 과정이 필요하다. 이를 처리공정이라 하며 다음 장에서 다룰 것이다.

2차 계통수는 1차 계통에서 뜨거운 열을 전달받아 증기화 되어 집채보다 더 큰 거대터빈을 초당 60회 수준으로 회전시켜 전기를 발생시킨다. 1차 계통수와 분리되어있는 2차 계통수에는 방사성물질이 없어야 하지만, 오랜 시간이 지나면서 1차 계통수관에 부식이나 미세한 부분적 파손이 일어날 수 있다. 또, 미약하지만 원자 수준에서는 1차 계통수에 녹아있던 방사성핵종이 금속관의 재질 내부를 확산관통해 2차 계통수에 흘러 들어가 오염시킨다. 그래서 원자로 밖에 있는 터빈 등의 기관도 발전소를 오랫동안 가동하면 조금씩 오염이 된다. 이 오염을 방지하기 위해 1차 계통수와 마찬가지로 오염물질 제거공정을 거친다. 1차 계통과 유사한 폐기물들이 발생하며 방사능 농도는 더 낮다.

2차 계통수도 순환하는데, 증기화 되어 터빈을 돌리고 난 2차 계통수를 물로 만들고 온도를 일정하게 제어하기 위해 또 다른 냉각수를 쓴다. 이를 3차 냉각수계통이라 한다. 이때 회수해야 하는 열량이 엄청나므로 3차 계통은 순환시키지 않고 많은 양의 찬물을 계속 공급해야 한다. 원자력발전소가 바닷가나 큰 강가에 있는 주된 이유가 바로 이 바닷물이나 강물을 무한정 쓸 수 있기 때문이다. 그럼, 배출하는 바닷물 온도는 얼마나 올라가고 방사능 오염의 가능성은 없는가? 일단 온도는 쉽게 측정 가능해서 약 3~5도 상승한다는 것을 알 수 있다. 1차 계통수와 마찬가지로 2차 계통수에 녹아있던 핵종들이 금속관 내부를 관통해 3차 계통수로 극히 일부 이전할 수 있다. 방사능 농도는 미약해서 방사성폐기물 범주에 들지도 않고 측정도 쉽지 않다. 온도 영향이 더 현실적인데, 배출수 부근 지역 바닷물 온도가 조금 상승하며 이로 인해 인근 수역 바다 생태계가 교란되어 피해를 입었다고 이웃 수산업 종사 주민들의 민원이 한 번씩 제기된다. 이와는 반대로, 3차 배출수의 열을 어업에 활용하는 연구도 진행되고 있다. 특히 바닷물이 차가운 겨울철에 양식하는 어류에 따뜻한 물을 공급해 어류의 성장 속도를 높일 수 있다고 한다.

원자로 운전에서 1, 2차 냉각수계통을 잘 관리하는 것이 굉장히 중요함을 알았다. 인체에서 혈액순환이 잘되어야 하는 것과 같다. 피가 순환되지 못하면 뇌경색, 뇌출혈, 심장마비 등으로

원자력과 방사성폐기물

사망한다. 원자로 대부분의 큰 사고는 이 냉각수계통이 제대로 순환하지 못하면서 원자로 내부 온도가 치솟아 원자로가 폭발하고 핵연료가 녹아내리는 것이다. 즉, 후쿠시마 사고는 쓰나미 해일이 원전을 덮치면서 모든 전력계통을 단전시켜 냉각재 순환펌프가 작동하지 못해 일어난 일이었다. 원전의 심장마비 사고사였던 것이다.

이 냉각수를 체계적으로 관리하는 시스템을 원자로 냉각재계통Reactor Coolant System, RCS이라 하는데, 원자로 노심으로부터 열을 제어하고 2차 계통수로 열을 전달하는 기능을 한다. 핵분열반응을 일으키는 핵연료와 접촉하는 1차 냉각수는 150기압에 300℃ 수준이므로, 굉장히 정밀하고 미세한 조정이 필요하다. 냉각수는 냉각재로서의 역할뿐만 아니라 중성자의 감속재, 차폐재로서의 역할도 겸한다. 또 한 가지, 1차 냉각수에는 붕산이 들어있다. 기본적으로 원자로에서 일어나는 핵분열반응을 일정하게 유지하기 위해 원자로 내에 카드뮴이나 붕소합금으로 만든 제어봉을 삽입하거나 빼내 적절히 조절한다. 발생열이 부족하면 제어봉을 빼내고 많으면 삽입해 반응을 줄인다. 빠른 제어는 이 제어봉을 사용하지만, 핵연료 소진 같은 장기간 반응은 다른 방식이 필요하다. 그래서 이를 제어하기 위해 1차 냉각수에 붕산을 넣고 농도를 조절한다. 붕산이 중성자를 흡수해 핵분열반응을 감소시키는 역할을 한다. 이 일을 체계적으로 담당하게 만든 것이 화학 및 체적제어계통Chemical and Volume Control System, CVCS이다. 여기서 1차 계통수의 체적을 조절하고, 냉각재에 함유된 불순물, 부식생성물, 방사성 핵종 등을 제거한다. 이 정화작업으로 1차 계통의 건전성을 오래 유지하고, 2차 계통에 오염물질을 넘겨주지 않게 된다. 또한, 필요한 경우 고농도 붕산을 더 주입하고, 다른 화학 약품의 농도도 조절한다.

대덕연구단지 가을풍경

원자력과 방사성폐기물

3.4
사용후핵연료 발생 및 관리

원자력발전을 하기 위해서 핵분열물질인 우라늄$^{U-235}$이 필요하다. 자연에서 얻는 우라늄광에는 우라늄-238이 99.3%로 대부분이고 우라늄-235는 0.7%로 아주 소량이다. 그러니 핵분열반응을 잘 일으키려면 우라늄-235의 농도를 높여야 한다. 이를 농축濃縮, enrichment이라 한다. 원자력발전에는 3~5% 수준, 핵무기에는 90% 이상 농축해 쓴다. 이 농축공정은 핵무기를 만드는 공정과 같은 기술을 사용하므로, 핵무기확산을 방지하기 위해 1968년 핵확산금지조약NPT, treaty on the non-proliferation of nuclear weapons이 유엔총회에서 체결되었다.

이제 핵연료를 원자로 안에 집어넣고, 인공적으로 핵분열반응을 유도하면 우라늄 235는 중성자와 충돌해 핵이 쪼개지면서 열을 발생하며 다양한 핵종들을 생산하기 시작한다. 발전은 이 반응열로 물을 뜨겁게 데워 수증기로 터빈을 돌려 전기를 생산한다. 원자로 안에서 3~5년 반응시키고 반응력이 떨어지면 원자로에

서 꺼내는데, 이게 사용후핵연료spent fuel다. 연탄난로에서 꺼낸 연
탄재와 유사한데 연탄재보다 더 오랫동안 반응이 지속되고 열도
계속 발생한다. 그래서 상당히 오랜 기간 이 사용후핵연료를 큰
물 저장조에 넣고 열을 식힌다. 또, 중성자나 대부분의 방사선
이 이 물에 막혀 밖으로 나오지 못한다. 원자력발전소에서 나오
는 방사성폐기물 대부분은 이 핵연료에서 발생한다. 사용후핵연
료에서 발생한 핵종을 그림 3.3를 참고하면서 구분해 보자. 우라
늄-238은 94% 정도 되는데 주로 중성자를 흡수해 베타 붕괴해
플루토늄-239를 만든다. 그래서 핵분열물질인 우라늄-235, 플
루토늄-239가 2% 정도 들어있고, 세슘, 스트론튬 등 핵분열생
성물이 4% 정도, 기타 극소량의 넵튬, 아메리슘 등 악틴족 핵종
들이 들어있다. 대부분은 우라늄-235가 핵분열하면서 줄고 대
신 핵분열생성물로 다른 핵종들이 생겨난 것이다.

그림 3.3
사용후핵연료 내 핵종 조성과 특성

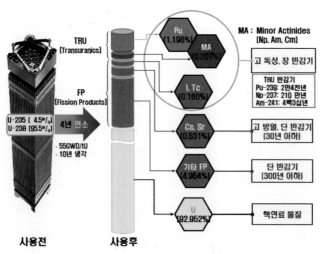

원자력과 방사성폐기물

앞서 설명한 대로 중저준위 폐기물은 원자로 안 냉각수를 처리하는 공정, 출력조절용 붕산처리공리공정 등을 통해 핵연료에서 발생한 다양한 핵분열물질들이 조금씩 유출된 것이다. 또한, 사용후핵연료를 보관하는 저장조의 물도 건전하게 유지하기 위해 지속적으로 오염물질을 제거하면서 방사성폐기물이 발생한다. 원전 운전 작업을 하다 보면, 작업 중에 사용한 장갑, 덧신, 작업복, 휴지, 필터, 기계부품 등 고체폐기물과 방사성물질에 오염된 액체폐기물, 요오드 등의 기체폐기물들도 생긴다.

사용후핵연료 발생량을 살펴보면, 천연우라늄을 쓰는 중수로 발생량이 많아 기당 연간 약 90톤이 발생하고 4기에서 350톤이 나온다. 농축연료를 쓰는 경수로는 기당 약 20톤이 발생하고 20기에서 약 400톤 발생한다.

우리나라 주 원전인 경수로의 경우 백만kW를 발전하는데 우라늄연료가 연간 25톤이 필요하고, 후에는 25톤의 사용후핵연료가 발생한다. 원자로에서 연소출력이 떨어져 빼낸 사용후핵연료에도 여전히 핵분열물질이 많이 잔존해 있다. 그래서 인위적으로 핵분열반응을 유도하는 원자로에서 나와도 느리지만 핵분열반응도 조금씩 일어나고, 많은 핵분열생성물이 포함되어 있어 방사능준위도 높고 수십kW의 열이 발생한다. 그래서 사용후핵연료는 원자로 옆에 위치한 물 저장조에 넣어 냉각시킨다. 물에 의한 냉각 효과와 더불어 중성자들이 물에 흡수되어 핵분열을 저지하는 효과도 있다. 우리나라에서 발생한 사용후핵연료는 모두 다 이 저장조에 보관하고 있다. 5년이 경과하면 방사열이 약 1/100로 감소한다. 이때에는 사용후핵연료에 있던 단반감기 핵종이 대부분 감쇄되어 없어져 버린다. 반감기가 약 30년인 세슘, 스트론튬은 일백 년 이상 더 생존해 주 방사열원 노릇을 한다. 수만 년이 지나면 열도 거의 식고 방사선도 미약하지만, U-235,238, Pu-239 등 장반감기 핵종이 여전히 살아있다. 그래서 자연에서 발견되는 우라늄광과 같은 방사선 수준까지만 인간이 관리하는 것으로 정하고 있다. 천연우라늄을 핵연료로 사용하는 월성중수로 4기에서는 핵분열원료인 U-235함량이 0.7%에 불과하므로 핵반응 효율이 낮아 연료가 많이 소모되므로 사용후핵연료 발생량도 많다. 그런데, 발전소에 설치된 임시 저장수조의 용량이 대부분 채워지기 시작해 다음 단계에 국가 관리대책을 수립해야 하지만, 이제 겨우 2015년 사용후핵연료 공론화위원회 활동을 계기로 조금씩 발걸음을 떼고 있는 실정이다.

: 핵확산금지조약(NPT, treaty on the non-proliferation of nuclear weapons)

1945년 미국이 핵폭탄 개발에 성공해 일본에 투하하면서 이는 인류를 멸망시킬 수 있는 가장 위험한 무기로 인식되었다. 그후로 소련이 1949년 핵실험에 성공하고, 1952년에는 영국, 1960년에는 프랑스, 1964년에는 중국이 차례로 핵무기 보유국 대열에 들어섰다. 이런 확산추세를 막지 못한다면 인류멸망의 단초가 될 수 있을 뿐만 아니라 강대국의 독점적 지위도 약해지므로, 더 이상 핵개발국 수를 늘리지 않기 위해 제네바 군축회의에서 금지조약이 시작되어 1968년 유엔총회에서 53개국이 조인하였다. 이 당시 시점으로 핵무기를 보유하고 있던 미국, 러시아, 영국, 프랑스, 중국 5개국을 제외하고는 더 이상 핵무기 개발을 금지하며, 이를 위해 국제 핵사찰을 시행하고, 핵보유국은 핵 군축을 수행할 것을 규정한 조약이다.

한국은 1975년에 가입하고, 북한은 1985년에 가입하였다가 1993년 탈퇴했다. 강대국만을 위한 불평등조약이라는 비난과 함께, 인도, 파키스탄, 이스라엘, 북한 등이 가입하지 않고 새로운 핵무기 개발국으로 진입하고 있으며, 이란은 그 도상에서 미국과 협약으로 개발을 중지한 상태다.

소위 예언서라고 불리는 문서들에는 기이한 이야기들이 많다. 신약성서 요한계시록, 노스트라다무스의 『세기들』, 한국에는 『격암유록』, 『송하비결』 등등. 얼마나 신뢰해야 할지 의아스럽기도 하다. 표현이 상징적이기 때문에 대부분 해석의 문제로 귀결된다. 그중에서 우라늄을 사용한 원자력 문명을 예언하고 방사성폐기물 관리를 상징적으로 표현한 옛날이야기가 있어 여기에 소개한다. 물론 이것은 저자의 주관적 해석이며 방사성폐기물을 이해하기 위한 휴게실에서 나누는 가벼운 대화이다.

   우리가 잘 아는 오승은의 『서유기』를 보자. 오래국 화과산 꼭대기에 바윗돌이 열리면서 돌 원숭이가 한 마리가 태어난다. 이 돌 원숭이가 바로 손오공인데, 이제 영어 이름으로 우라늄이라고 붙여보자. 우라늄도 돌에서 추출해 농축 가공해 다양한 분야로 쓰인다. 손오공은 한때 제천대성齊天大聖이라 불리었는데 하늘의 제왕이란 뜻이겠다. 72가지 변화를 부리고 근두운을 타고 여의봉을 휘두르며 천궁, 용궁, 염부를 오가며 온 세상을 휘저었다. 우라늄도 우주 탄생으로 시작해 원소들이 융합하면서 만들어졌고 지금도 우주 어딘가에서 핵분열반응을 일으키고 있으며, 지금 지구에는 대부분 암석 속에 박혀있다. U-235를 농축해 원자력발전, 핵폭탄을 만들고, 다양한 과학기술분야에 응용한다.

　이렇게 자신의 무공만 믿고 천방지축 설치던 손오공은 석가여래를 만나 한판 싸움을 벌이려 했지만 참패하면서 오행산에 갇히게 된다. 원자력 과신 시대가 되어 히로시마·나가사키 핵폭탄 투하, 체르노빌, 후쿠시마 원전 사고 같은 불행을 겪으면서 원자력이 쇠퇴하고, 우라늄이 포함된 방사성폐기물을 심부지하에 가둬 처분하는 것으로 제1 원자력시대가 끝나게 된다.

　그로부터 500년 후, 삼장법사가 당나라에서 서역으로 경전을 구하러 고난의 순례 길을 가는 도중 오행산에 갇혀있는 손오공을 풀어주고 제자 삼아 행군을 하게 된다. 갖은 고난을 손오공과 제자들의 힘으로 헤쳐 나가면서 결국 경전을 구해 돌아온다. 이것은 깊은 산속에 처분했던 사용후핵연료 같은 방사성폐기물을 500년 후 과학기술이 더 발전함에 따라 새로운 용도와 산업이 개발되어 다시 끄집어내 재활용하게 될 것이라는 전망과 맥이 닿는다.

　이제 제2 원자력시대는 안전성 문제가 해결되어 미래에 어려운 문제들을 해결하는 주된 산업역군으로 큰 역할을 맡게 될 것을 기대해 본다.

4

방사성폐기물 처리

4.1
처리 원칙

방사성물질 자체는 독한 냄새도, 특이한 색깔도 눈에 띄는 모양도 없어 사람들이 알아채기 힘든 게 문제다. 그래서 이들을 도망치지 못하게 잘 묶어 놓아야 하고 눈에 잘 띄는 형태로 만들어 놓아야 한다. 또한, 대부분 방사성폐기물은 그 덩치 전부가 방사성물질이 아니고 방사성핵종들이 부분적으로 오염된 경우가 대부분이다. 그래서 쌀에서 잡티 걸러내듯이, 오염된 물질에서 방사성물질을 따로 분리하면 관리해야 할 방사성폐기물 부피를 크게 줄일 수 있다. 이를 위해 주요한 기술이, 걸러내고分離, 한데 모으는濃縮 것이다. 도망가지 못하도록 묶어놓는 방법은 틀 안에 넣고 시멘트를 넣어 굳혀버리는 것으로, 고화固化, solidification라고 한다. 유동성이 큰 방사성폐기물을 관리하기 쉬운 형태로 변화시키는 과정을 통틀어 처리處理, treatment라고 한다. 이들 방사성폐기물 처리 원칙을 4가지로 정리하면 다음과 같다.

1) 지연과 감쇠 delay and decay

반감기가 짧은 핵종들을 탱크에 저장하거나 활성탄 등으로 포집해 방사능이 사그라들 때까지 보관한다. 병원에서 발생하는 기체, 액체 폐기물이 주로 해당된다.

2) 희석과 분산 dilution and dispersion

공기나 물을 다량 섞어 농도가 희석되고 오염물이 분산되도록 한다. 최종적으로는 대기나 바다에 방출한다. 반감기가 짧은 극저준위 기체, 액체 폐기물이 주요 대상이다.

3) 농축과 저장 concentration and storage

폐기물 부피를 줄이기 위해 증발이나 여과 등을 통해 적은 부피에 높은 농도로 만들어 저장한다. 반감기가 긴 기체, 액체 폐기물이 대상이다.

4) 부피감소 volume reduction, 減容

폐기물의 부피를 줄이는 것이 관리에 아주 유리하다. 분류, 여과, 증발, 압축, 소각 등의 방법을 사용한다. 고체폐기물의 일차 처리방법이다.

처리를 포함해 방사성폐기물의 발생에서부터 처리, 땅속 매립 등 전 과정을 통틀어 폐기물 관리라고 칭한다. 관리의 최대 목표는 폐기물 발생량과 부피를 최소화하고, 환경 영향을 가능한 한 낮게 유지하는 것이다. 이를 위해 처리에 적용한 원칙에 두 가지를 추가해 보자.

5) 제염과 재사용 decontamination and reuse

오염된 기계류에서 오염물질을 제거하고 재사용하는 방안

6) 포획 및 격리 containment and isolation

유동성 있는 폐기물은 고화시키고 용기에 담아 외부와 격리한다. 또한, 땅속에 묻어 생태계와 격리한다.

그림 4.1에 원자력시설에서 발생하는 방사성폐기물 처리방안을 폐기물 성상별로 간단히 정리하였다. 앞에서 정리한 폐기물 처리원칙을 적용해 보면 간단하게 정리된다. 방사성폐기물은 물리적 성상에 따라 특성이 상당히 다르므로, 기체, 액체, 고체로 나눠 다른 처리 방법을 사용하고 있는데, 주요한 몇 가지 기술을 하나씩 알아보자.

그림 4.1
성상별 방사성폐기물 처리계통 및 최종관리 절차

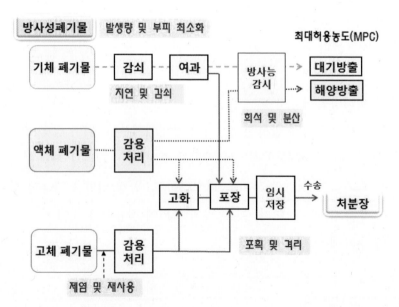

4.2
기체 폐기물 처리

기체는 활동성이 가장 좋으므로 도망가지 못하게 철저히 잡아내는 게 핵심이다. 방사성물질 작업시설에서 휘발성이 있는 방사성물질은 기체로 변해 주변 공기를 오염시키고 부유물질인 미세먼지 등에 달라붙어 이동할 수도 있다. 입자성 기체는 극미세 구멍이 있는 고성능여과기HEPA, High Efficiency Particulate Air를 통과시켜 여과기에 부착시킨다. 3μm 크기 입자의 경우, 99.9% 이상 걸러진다. 일부 빠져나온 것들은 다음 단계에서 물을 살포하거나 물 수조를 통과시켜 물에 용해한다. 물에 대한 용해도가 떨어지는 크립톤, 제논 같은 불활성기체는 활성탄여과기로 포집한다. 이 중 반감기가 11년으로 긴 크립톤Kr-85 와 5.3년인 제논Zr-133 이 주요 관심 핵종이다. 반감기가 짧은 핵종이 많을 때는 기체를 20kg/m³로 압축해 탱크에 저장한다. 그러면, 대부분 방사능이 소멸하고 일부 방사능이 긴 핵종만 살아남는데, 이들만 별도 처리하면 된다.

요오드는 갑상선에 모이는 특성과 반감기가 긴 요오드-129 때문에 다른 핵종보다 더 세심하게 관리해야 하는데, 보통 일차적으로 활성탄charcoal에 흡착시키면 99.95% 정도 제거된다. 완전 고체화합물로 고정시키기 위해서는 요오드가 은과 반응성이 좋은 성질을 이용해 제올라이트나 알루미나 같은 흡착제에 은 화합물인 질산은AgNO3을 도포하고 요오드를 통과시키면 요오드은 AgI이 생성되면서 제올라이트 표면에 달라붙는다. 단일 분자 형태 요오드는 반응성이 좋은 KOH, LiOH, $Na_2S_2O_3$ $Hg(NO_3)_2$ 용액으로 세정시키면 요오드 화합물이 생성된다. 특수한 경우는 기체를 냉각시켜 액체나 고체로 응축시킨다. 또, 반응성 좋은 용매에 흡수시키기도 한다.

자, 그럼 이제 기체는 다 포로로 잡았지만, 다시 액체와 고체 폐기물이 생겨났다. 물론 부피는 엄청나게 감소했고, 다루기도 쉬워졌다.

그림 4.2
기체폐기물 처리과정 도식

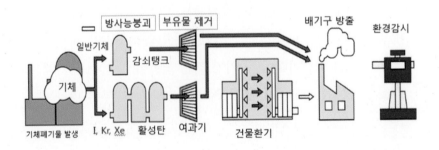

원자력과 방사성폐기물

표 4.1
기체폐기물 종류 및 처리방법

종류	처리 방법	내 용
부유입자	고성능여과 (HEPA filter)	입자상 물질 여과 제거효율 99.97%
	DBS filter	모래층 여과로 내열 내화학성 우수
요오드	세정법 (liquid scrubbing)	수용액과 접촉시켜 비휘발성 화합물로 전환 KOH, LiOH, Na2S2O3 용액 사용
	활성탄 흡착	제거효율 99.95% 화재에 취약. 탈습기 사용
	은화합물과 결합	제올라이트에 은화합물인 AgNO3를 도금해서 요오드와 반응시켜 AgI 화합물 만듦 불용성이고 효율 좋으나 고가 CH3I에 효과적이며 고온에서 사용가능
트리튬	재결합반응	수소와 산소의 결합력을 이용해 응축분리
불활성 기체	탱크 내 감쇠	200psi 이상 압력에서 기체를 압축해 저장부피를 줄이고, 40일 이상 저장해 짧은 반감기 핵종들이 사라지게 만듦
	활성탄 감쇠	일시적 흡착체류와 부피감소 효과

그림 4.3
여과장치 조합 단면도. 작은 미세공극 구조들이 보인다.

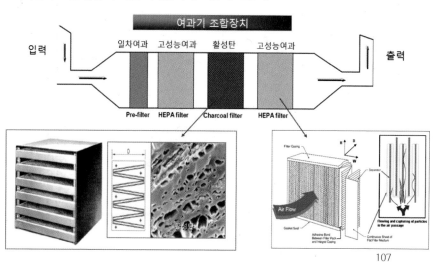

우리가 흔히 쓰는 숯은 나무를 공기유입이 없는 조건에서 열분해시켜 탄화시킨 것이다. 그래서 탄소골격은 그대로 유지하면서 다른 성분들이 열로 분해되어 없어진 것이다. 그래서 현미경으로 보면 미세구멍이 많고 비표면적도 200m^2/g 정도로 넓을 뿐만 아니라 독성물질을 포집하는 능력도 뛰어나 옛날부터 간장독에 넣어 제독하는 데 쓰고 물을 정수하는 데도 썼다. 활성탄도 이와 유사한 것이다. 뼈, 석탄, 나무, 야자 껍질 등 탄소가 주 골격을 이루는 물질을 탄화부착공정을 통해 만드는데, 고급 활성탄은 주로 야자 껍질로 만든 것을 쓴다. 일반 숯보다 미세구멍이 훨씬 더 발달해 비표면적이 500m^2/g 이상이다. 이 미세구멍표면에는 탄소골격과 결합한 착화합물 가지가 뻗어 있는데, 이들이 독성물질을 흡착시켜 붙들어 매는 역할을 한다. 방사성폐기물 처리에도 쓰이지만, 정수처리, 하수, 분뇨처리, 농약 등 화학물질 제거, 냄새 제거 등 활성탄 사용범위는 상당히 넓다. 국산 소주도 대나무 활성탄을 사용해 정제하는 공정을 쓰고, 에어컨 필터에도 들어가며, 국산 담배 필터에도 들어있다. 연구소의 이 모 박사는 활성탄으로 요오드를 제거하는 연구를 오랫동안 해왔다. 연구를 진행하면서 여러 가지 공정상 개선도

이루어냈고, 요오드뿐만 아니라 여러 가지 산업 분야에 개발기
술을 응용하면 훨씬 더 좋은 성능을 발휘할 수 있다는 것을 알
았다. 산업현장에는 그때까지 처리 대상물의 특성을 고려한 정
밀한 활성탄 처리공정이 보이지 않았다. 많은 고민 끝에 연구
원 창업에 도전하였는데, 결과는 대성공이었다. 그의 도전과
성공이 연구소 내 많은 이들을 자극했다. 연구원들은 자신이
연구하는 분야 기술은 잘 알지만 사업에는 숙맥들이라 과감히
도전하지 못하던 실정이었다. 레이저로 금속물질 가공을 하던
친구는 섬세한 레이저 가공기술이 산업에 활용가치가 높다는
것을 알기에 레이저 기술로 창업했는데, 핸드폰에 정밀한 가공
이나 용접은 자기 회사 기술을 사용한다고 자랑한다. 방사선생
물의학을 연구하던 연구원이 개발한 면역조혈기능증진용 기능
성식품도 암 환자들과 갱년기 장애를 겪는 중년여성들에게 효
과가 좋다는 입소문이 퍼지면서 언론에도 보도되는 큰 성공사
례로 나왔다. 활성탄이 연구원들 가슴에 파고들어 꿈과 도전을
활성화한 결과였다.

4.3
액체 폐기물 처리

　액체폐기물은 대부분 물이고 여기에 방사성핵종이 녹아 있는 형태이므로 일차적으로 부피를 줄이는 것이 요긴하다. 폐액을 처리하는 기술은 여러 가지로 다양한데, 폐액의 물성과 방사능 특성에 따라 적절한 방식을 도입해 효율을 극대화한다. 병원 등에서 주로 사용하는 반감기가 수일 이내로 짧은 핵종만 있을 경우에는 일단 저장조에 보관했다가, 자연방사선 이하로 떨어지면 방출한다. 가장 단순하며 많이 쓰이는 기술은 기체와 마찬가지로 걸러내는 여과방식을 쓰나, 액체 특성에 따라 훨씬 다양한 기술을 사용한다.

　여과濾過, filtration는 막을 이용해 물리적으로 액체상에 부유하는 고체 입자를 분리하는 기술이다. 분리할 때 고액상 변화를 수반하지 않고 압력을 가해 뽑아낸다. 액체 속에 부유물질이나 불용성 고체 입자들이 있을 때 활용한다. 일반적인 여과방법으로 많이 쓰이지만 대상특성에 따라 정밀여과micro-filtration, 한외여과ultra-filtration,

역삼투압reverse osmosis등의 방법이 있다. 역삼투압법은 세탁폐액을 처리하는 데 많이 쓰인다. 그래서 일반 여과기 외에 이온교환수지ion exchange resin를 사용해 특정 양이온이나 음이온을 집중적으로 잡아낸다. 예로, 세슘, 코발트, 스트론튬 등은 모두 양이온으로 존재하므로 양이온 교환수지층에 이들을 통과시키면 거의 다 잡혀버린다. 전기전도도가 낮은 저준위 액체폐기물에 적용성이 좋다. 화학결합을 잘하는 핵종들은 화학재를 넣어 침전시킨다.

휘발성이 낮아 비등점이 높은 핵종들이 주성분일 때는 증발기에 넣어 물을 증발시켜 남은 찌꺼기만 모으면 된다. 고농도 불순물을 함유한 액체폐기물에 적합하다. 물은 수증기로 증발하는데, 방사성물질이 증발할 수도 있으므로 기체폐기물 처리장치를 통과시켜 걸러낸다. 부피감소비감용비는 10~50으로 높다.

기체와 마찬가지로 액체는 유동성이 있으므로, 모든 액체 폐

그림 4.4
액체폐기물 처리과정 도식

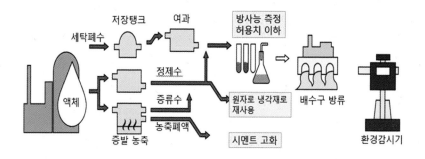

표 4.2
액체폐기물 처리방법 및 특성

처리 방법	특 성
증발 Evaporation	고농도 불순물 제거에 효과적이며, 폐기물은 농축액으로 잔류. 감용효과가 크다. 제염효과가 좋다. DF=1,000 이상 요오드같은 휘발성물질이 있으면 제염효율이 떨어진다.
여과 濾過 Filtration	부유입자형 물질 제거에 사용. 폐기물은 필터에 부착됨. 막분리입경은 1μm 수준.
이온교환 Ion Exchange	저준위 용액 처리에 사용. 양이온과 음이온 교환수지 사용. 수지재생 가능. 운전 단순. 용존이온 제거효율 DF=10~100 부유물이 많으면 처리 곤란. 수지재생폐액 발생
응집침전 Chemical – Precipitation	핵종에 따라 반응성이 좋은 다양한 응집제 사용. 발생한 슬러지는 고화 처리. 제거효율 DF=100 이하 시설운영비가 싸다. 대량 저준위폐액처리 적합. 처리장치 단순. 슬러지 발생 많음. 제염효율이 낮다.
역삼투압 Reverse Osmosis	세탁폐액 처리에 사용. 반투과막을 이용해 처리. 막분리입경이 5~20 Å 수준으로 분자량이 350 이상인 유기물은 다 걸러진다.

기물은 최종적으로 고체형태로 만든다. 고화체는 내부 방사성물질의 침출이 적어야 하고 취급 시 충격에 강해야 하며 액체 상태로 유리된 성분이 없이 고루 고화되어야 한다. 폐 이온 교환수지, 증발시키고 남은 찐득한 찌꺼기나 슬러지 같은 고농도 액체폐기물은 주로 시멘트로 굳혀 고체로 만든다. 시멘트는 취급이 용이하고 고화체의 강도나 밀도 등 물성이 양호하며 가격이 저렴해 가장 널리 쓰인다. 우리나라에서도 시멘트고화를 주로 한다. 폐기물특성에 따라 아스팔트나 고분자물질을 쓰기도 한다. 이 중 시멘트는 가장 경제적이고 고화 강도도 좋으나 핵종침출률이

원자력과 방사성폐기물

상대적으로 가장 크다. 아스팔트는 100도 이상의 온도에서 아스팔트와 폐기물을 혼합시키는 과정에서 수분이 99% 이상 증발하고 잔존 폐기물과 아스팔트가 저장용기에 담겨 냉각 고화되므로 감용비가 높다. 이로 인해 침출률이 낮으나 열에 약해 녹을 수 있고 충격에 약하다. 고준위액체 폐기물은 열을 내므로 열에 강한 유리를 사용한다. 유리는 열에 강하고 침출률도 가장 낮아 우수하나 충격에 약하나. 유리고화는 처음에 재처리공정에서 발생하는 고준위액체폐기물을 고화하기 위해 개발하였으나, 중저준위 가연성 폐기물을 소각공정 대체 개념으로 900도 이상에서 유리와 함께 용융해 고화하는 개념으로도 개발하고 있다.

(주)한국수력원자력에서는 농축폐액 처리에 시멘트고화 대신 파라핀 고화장치를 도입해 활용성을 시험하고 있다. 파라핀은 방수성이 좋아 핵종침출률을 낮출 수 있을 것으로 기대된다. 그러나 고화과정에서 혼합률이 만족스럽지 못해 층 분리가 발생하고 충격에 약한 단점이 있다.

그림 4.5
액체폐기물 시멘트 고화장치

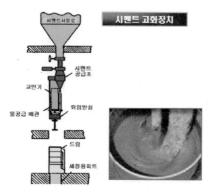

액체폐기물 중에 방사성핵종이 극히 미미하게 함유된 액체가 많이 발생한다. 작업자가 샤워한 물이라든가 세탁수 등 그 양이 아주 많다. 이 전부를 방사성폐기물로 보고, 시멘트로 고화시키면 부피가 엄청나니 더 합리적인 방안을 모색해야 한다. 더 저급용도로 재활용할 방안도 찾아야 하고, 안 되면 부피를 줄이기 위해 기술적 방안을 찾아야 한다. 여과, 증발, 역삼투압 등 다양한 기술을 적용하는데, 이들 기술은 모두 상당한 에너지를 소비하므로, 눈을 돌린 것이 태양열 증발이다. 자연으로 쏟아지는 태양열로 물을 증발시키고 남은 찌꺼기만 회수하면 되니 매력적이지 않은가. 그래서 태양열 증발을 실용화하게 되면 공학적 효율이 얼마나 될지 알아보기 위해 실험장치를 고안하였다. 그림 4.6에 사진을 실었다. 조그만 온실 같은 구조물에 지붕은 유리로 덮고, 증발한 물은 한쪽으로 빠져나가게 하면서 내부의 온도, 습도, 물 저장조 깊이 변화 등을 측정해서 기록하는 기록장치 보관실을 실험조 옆에 설치하였다. 외부 건물로 인한 환경 영향을 배제하기 위해 실험 장치를 연구소 뒷산에 설치하였다. 이 곳은 밑이 늪지대라 봄여름에는 개구리 소리가 우렁차고 한여름이면 잡초가 허리 위로 올라오는 곳이다.

한여름의 어느 날, 실험 노트를 옆에 끼고 개구리들의 코러스에 힘입어 양희은의 "들길 따라서"를 열창하며 잡초를 헤치고 언덕 위 태양열 증발실험장치에 도착하였다. 기록장치실의 문을 열어젖힌 순간, 눈앞에 온몸에 빨간 꽃무늬가 양 갈래로 점점이 박힌 꽃뱀이 꽈리를 틀고 앉아 있다가 놀라 고개를 치켜들고 나를 노려보고 있는 것이 아닌가. 정식 명칭은 유혈목이로 우리나라의 대표적인 독사다. 아마도 기록실 안이 그늘이라 서늘하니, 이곳을 자기 안식처로 삼은 모양이었다. 순간적으로 등골이 서늘해지면서 둘 다 물러설 수 없는 숙명의 대결을 펼쳐야 한다는 직감이 왔다. 만약 내가 여기서 물러난다면, 그동안의 실험을 망칠 뿐만 아니라, 녀석은 이곳을 자기 왕궁으로 삼고 희희낙락할 것이다. 뱀을 물리치기로 마음먹고 자세를 가다듬었다. 이래봬도 나름 어릴 때부터 뱀과 위태로운 사투를 벌여 다 이긴 역전의 용사가 아니었던가.

　예를 들면, 초등학교 시절 학교 가는 길이 논길을 가로지르고 강을 따라 쭉 걸어 한참을 가야 했다. 그때 아버지는 낙동강 지류인 내성천에 경진교를 건설하고 계셨다. 그런데 등하굣길에 툭하면 뱀이 길 한가운데 앉아 꼬마라고 무시하고 길을 비켜주지 않는 것이었다. 물러서면 학교는 포기하고 동네 소들과 노는 수밖에 없다. 물러설 수 없는 숙명의 대결이었다. 싸움에서 이기기 위해서는 적을 잘 알아야 하고 준비를 철저히 해야 하며, 초전 기 싸움에서 밀리면 안 된다. 뱀과 적당한 거리를 유지하며 주변에서 잔돌을 주워 모은다. 8개가 적당하다. 바지 주머니 양쪽에 돌을 한 개씩 넣고 양손에 두 개씩 잡는다. 물론 양쪽 상의 주머니에는 미리 준비된 짱돌이 하나씩 들어있다. 준비가 다 되면 하늘을 찢는 기합소리와 함께 돌진하며 짱돌을 연속으로 뱀을 향해 날린다. 재수 좋게 뱀 머리에 직통으로 맞으면 확실한 승기를 잡는데, 대부분은 비껴가고 일부는 몸통에 맞는다. 뱀도 사력을 다해 나에게 덤벼든다. 1m 근처에 접근했을 때, 회심의 일격을 날리지 못하면 다리를 물리는 수밖에 없다. 준비한 돌이 다 떨어지면, 전쟁에서 장검을 뽑아 들고 육탄전을 벌이듯이, 재빨리 어깨에 멘 가방을 내려 뱀에게 휘두른다. 쉬운 싸움은 거의 없었다. 아마 뱀들도 자기가 이길 수 있다고 보고 자신의 터전을 지키고자 길을 양보하지 않았던 것이리라.

그런데, 실험장치 앞에서 마주친 꽃뱀과는 상황이 조금 달랐다. 어릴 때 벌인 사투는 열린 공간에서 작전상 불리할 때는 도망칠 수 있었지만, 지금 이곳은 방 안 닫힌 공간이라 배수진을 치고 사생결단 덤비는 수밖에 없다. 그런데 지금처럼 마주친 상황에서 뱀보다 먼저 재빠르게 몸을 날려 손으로 목을 졸라 죽이거나 발로 머리를 밟아 처치한다는 작전은 성공 확률이 높지 않다. 인간이 동물과 다른 점이 무엇인가, 바로 도구를 사용한다는 점이다. 바로 1.5m 앞, 뱀과 나의 옆에 책상과 의자가 있었다. 의자는 바퀴가 네 개 달린 회전의자였다. 몸을 날려 의자를 잡고 재빨리 뱀에게 밀었다. 결과는 나의 완벽한 승리였다.

아무튼 악조건을 헤치고 어렵게 실험을 수행해서 결과를 평가해 보았다. 한여름에는 복사열로 저장조 실내는 80도까지 올라갔고 증발률도 꽤 좋았다. 그러나 계절에 따른 차이가 심해

원자력과 방사성폐기물

겨울에는 활용할 수 없었고, 가장 큰 문제는 처리 에너지가 적게 드는 대신, 너무 느리다는 게 문제였다. 그래서 자연증발은 포기하고, 태양열 온실 안에 큰 마포를 거치해 그 위에 폐수를 살포하면서 인공적으로 바람도 불어넣는 방식으로 전환하였다. 처음 실험했던 온실조 자리는 이제 방사성폐기물저장고 시설로 바뀌었고, 강제대류식 실험장치는 아직도 그 자리에서 후배들이 실험하고 있다.

그림 4.6
자연증발조 실험장치. 내부에 온습도 기록장치가 있고, 장치 뒤 기록실에서 측정값들을 자동기록하게 되어있다.

4.4
고체 폐기물 처리

    기체, 액체 폐기물을 처리하는 과정에서 최종산물이 고체로 됨을 이야기하였다. 이외에도 원래부터 고체인 폐기물도 많이 있다는 것 역시 앞장에서 언급하였다. 이 고체폐기물도 가능한 부피를 줄일 수 있으면 관리가 용이하다. 고체를 가장 쉽게 줄일 수 있는 방법이 태워 없애는 것이다. 이를 소각燒却, incineration 이라 한다. 소각은 유기물, 옷, 장갑, 동물 사체 등 가연성폐기물만 가능한데 부피감용비가 가장 좋은 처리방법이다. 감용비는 50~100 수준이다. 폐기물을 반응성이 낮은 재의 형태로 전환시키기 때문에 관리가 용이하다.

    그런데, 우리나라에서는 방사성 고체폐기물 처리에 소각을 도입하지 않았다. 일반 산업폐기물 처리와 같은 상용화 공정을 운영하지 않으며 원자력연구원에 연구용 소각실험시설 등 소규모 시설만 있다. 폐기물의 불완전연소, 장기간 운전 시 폐기체 처리장치의 효율저하, 소각공정 내부 부식문제 등 기술적 측면도 있고,

태울 때 굴뚝에서 나오는 흰 연기를 보고 지역주민들이 방사성 물질이 온 사방에 퍼지는 것으로 생각하고 가시적 공포감에 휩싸여 민원을 제기하면 해결할 방법이 마땅치 않다. 소각 시에는 고온의 배기가 발생하며 이를 세라믹 필터로 제거하고, 전기 집진장치, 물로 씻는 세정공정 등을 거쳐 처리한다. 이때 다시 액체와 고체 폐기물이 발생한다.

우리나라에서는 그림 4.8과 같이 고체폐기물을 드럼통에 넣고 압축해 부피를 줄이는 방법을 쓰고 있다. 처리압력은 4~2,200톤 규모로 다양하며 감용비는 5~10 수준이다. 그런데, 압축 후 시간이 지남에 따라 다시 부피가 복원되는 성질을 방지하는 것이 중요하다.

그림 4.7
고체폐기물 처리과정 도식

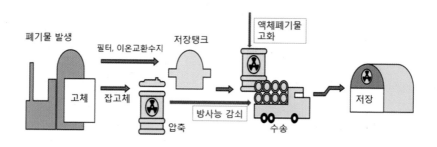

그림 4.8

(왼쪽) 고체폐기물 압축시설. 폐기물드럼을 위에서 프레스로 눌러 압축시킨다.
(오른쪽) 유리고화장치. 900도 고온용융로에서 유기물은 산화증발하고 재는 유리
와 혼합되어 고화된다.

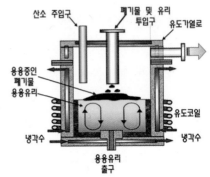

앞서 액체폐기물 고화방법으로 유리고화를 언급하였다. 주로
고준위 액체폐기물을 고화시키는 데 사용한다. 한국수력원자력
(주)은 이를 가연성고체와 폐이온 교환수지를 처리하기 위한 공
정으로 개발하여 2009년부터 한울 5,6호기에서 사용하고 있다.
처리공정은 1,000도 수준으로 용융된 유리에 가연성 고체폐기
물 조각을 넣으면, 고열로 연소 분해되어 탄소골격과 무기물질
만 남게 되어 유리와 융합되어 식으면서 고체화되는 방식이다.

4.5
사용후핵연료 처리와 저장

    연탄난로를 땔 때, 화력이 떨어지면 연탄을 가는데, 처음에 시커멓던 연탄이 타고 나면 허옇게 변해 연탄재 쓰레기로 버려진다. 원자로에서도 비슷하게 가동하면서 보통 2~3년 정도 반응시키고 핵분열 효율이 떨어지면 핵연료를 교체하는데, 이때 꺼낸 사용후핵연료는 일반 중저준위 폐기물과는 완전히 다른 관리 과정을 가진다. 반응효율은 떨어지지만 그래도 아직 우라늄, 플루토늄 같은 핵분열물질이 남아있고, 세슘, 스트론튬 같은 핵분열생성물에서 수십kW 열을 내고 있어 특별한 관리가 필요하다. 사용후핵연료 관리는 다음과 같은 4가지 안전 목표를 만족시켜야 한다.

1) 핵분열 임계상태^{subcriticality} 이하로 유지
2) 붕괴열을 지속적으로 제거해 일정온도 이하로 유지
3) 방사선 차폐로 피폭 방지

4) 관리기간 동안 격납containment을 유지해 외부로 방사성핵종 유출 방지

사용후핵연료는 그 자체가 금속고체이고 방사선이 높기 때문에 별다른 처리과정을 거치지 않고, 원자로에서 꺼내는 즉시 수조에 넣고 보관한다. 계속 발생하는 열은 물로 냉각되고, 발생하는 중성자들은 물로 차폐되면서 핵분열반응도 서서히 잦아든다. 수년 동안 냉각수조에 저장한 후 어떻게 해야 할까? 여전히 사람들이 직접 취급하거나 접근하기가 매우 어렵기 때문에, 생활환경에서 안전하게 격리하거나 사용후핵연료에 대한 위험성을 느끼지 않도록 만들어야 할 과제를 안고 있다.

저장수조는 계속 물 관리를 해야 하고, 수조 물도 방사선에 오염되므로, 다음 공정으로 보통 건식저장을 택한다. 열 발생률이 적은 중수로 연료는 그림 4.9와 같은 사일로와 맥스터 두 건식저장방식을 사용하고 있다. 사일로는 약 1미터 두께 콘크리트 내부에 강철 원통이 들어있고, 1기당 540다발의 사용후핵연료가 들어가며 300기가 설치되어 있다. 맥스터는 약 1미터 두께 콘크리트 벽에 강철 원통 40개가 들어간다. 한 모듈당 24,000다발의 사용후핵연료가 들어가고 전체 7개의 모듈이 설치되어 있다. 중수로 4기에서 발생하는 사용후핵연료양은 2030년까지 경수로 20기에서 발생하는 것과 거의 같은 양이다. 중수로 4기는 2050년에 수명이 다하므로 더 이상 발생하지 않는다. 이후로는 경수로에서만 발생한다.

우리나라에서 경수로에서 발생한 사용후핵연료는 현재 냉각 수조에 저장하고 있고, 중수로연료에 비해 발열량이 많으며 방 사선 세기도 강해 건식저장은 하고 있지 않다. 표 4.3에서 보듯 이 발전소 저장용량이 얼마 지나지 않아 포화상태에 이르게 될 예정이기 때문에 새로운 대책을 강구해야 할 시점이다. 또한, 후 쿠시마 사고 이후로 습식저장이 대형지진에 취약한 점을 발견했 기 때문에 건식저장 필요성이 더 대두되고 있다. 영국, 프랑스, 스위스 등 대부분 유럽원전 국가들은 중앙집중식 사용후핵연료 건식저장시설을 건설해, 처분 전 수십 년간 저장·관리하는 방식 을 택하고 있다. 우리나라도 수십 년간 중간 중앙집중식 건식저 장, 직접 심부처분, 재활용 등 장단점을 비교하면서 정책을 추진 하고 있지만 의사결정이 늦어지고 있는 상황이다.

표 4.3
사용후핵연료 저장현황, 2016.3.31.기준, 단위: 다발, 한수원 자료

원자로형	원전 본부	저장용량	현 저장량	저장률 %
경수로	고리	7,244	5,677	78.4
	한빛 (구 영광)	9,017	5,766	63.9
	한울 (구 울진)	7,066	4,855	68.7
	신월성	1,046	129	12.3
	합계	24,373	16,427	–
중수로	월성	499,632	413,124	82.7

그림 4.9
사용후핵연료 습식저장조와 중수로(CANDU)용 건식저장시설

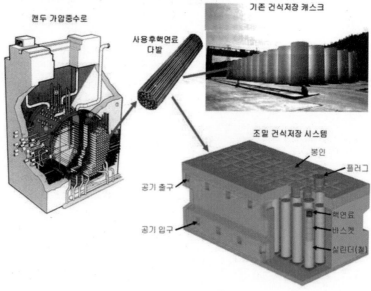

4.6
핵종변환기술과 재처리

     방사성폐기물 속에 들어있는 방사성핵종을 방사능이 소멸될 때까지 기다리지 않고 단기간에 없앨 수 있다면 얼마나 좋을까? 가히 현대판 연금술에 해당할 것이다. 특히, 고준위폐기물 속에는 반감기가 수만 년이 넘는 핵종들이 다수 있는데, 이들을 없앨 수 있다면 처분장 관리 기간을 수만 년 이상에서 수천 년 이하로 줄일 수 있을 뿐만 아니라 처분해야 할 고준위폐기물량도 줄어 처분장 면적을 줄이는 효과까지 볼 수 있다. 소멸처리 消滅處理, transmutation는 핵파쇄spallation나 핵분열fission 같은 핵반응을 이용하여 장반감기핵종을 단반감기 핵종으로 변환하는 것을 이른다. 그러므로 폐기물의 관리기간을 획기적으로 감축시킬 수 있고 고준위폐기물의 양과 방사능을 감소시킬 수 있을 것이다. 장수명 방사성핵종들은 핵분열생성물과 악티늄계열로 나눌 수 있다. 요오드-129, 테크니슘-99 등이 장수명 핵분열생성물이고 낮은 에너지 영역에 있는 중성자를 흡수하면 핵종변환이 가능하다. 플루토늄-239, 아메리슘-241 등이 악티늄계열 핵종들이며 고속 고밀도 중성자 선속을 가진 원자로에서 핵분열을 시켜 핵종변환을 일으킬 수 있다. 지금까지 많은 과학자와 국가가 이 기술에 도전하고 있지만 획기적인 성과는 아직 내지 못하고 있다. 특히, 경제적 이득이 적다는 것이 가장 큰 걸림돌로 작용하고 있다.

대표적인 기술을 방식별로 분류하면 다음의 다섯 가지로 요약할 수 있다.

1) 고에너지 양자를 이용한 가속기에서 핵파쇄spallation 방식

2) 고에너지 감마선 조사로 핵종변환

3) 전소로actinide burning reactor를 이용해 악티늄족 변환

4) 경수로에 대상물을 넣어 중성자 조사로 핵종변환

5) 고속증식로fast breeder 이용해 핵종변환

위의 두 기술은 양자나 감마선을 이용해 핵파쇄를 하고, 나머지 기술은 중성자와 핵반응으로 핵종변환을 한다. 기술적으로 가장 달성 가능성이 높은 것은 가속기 구동 원자로 같은 미임계 시스템을 이용하는 방식이다. 이 방식은 입자빔의 표적에서 생성된 파쇄 중성자를 미임계 시스템에서 핵분열반응을 일으켜서 장반감기 핵종이 소멸되도록 한다. 고 에너지 양자나 감마선을 이용한 소멸처리는 핵분열반응에 비해 새로운 장수명 핵종 생성이 적어 소멸효과가 크다. 또한, 핵파쇄반응에 의한 2차 방출 중성자를 이용하여 미임계 원자로인 복합로를 가동할 수 있

원자력과 방사성폐기물

어 소멸효율을 증가시킬 수 있다. 양자가속기 구동 미임계로를 이용한 핵종변환연구는 주로 고 에너지 양자를 원자번호가 큰, 납, 텅스텐, 악티늄족 물질로 구성된 목표물에 충돌시켜 발생되는 중성자를 이용해 주위를 순환하는 장반감기 핵종을 핵종변환시키는 연구를 한다. 미국 로스알라모스국립연구소에서는 ATW 가속기를 이용해 장수명 핵분열생성물에 대한 핵종변환을 주로 다루고, 브룩헤븐국립연구소에서는 Phoenix가속기를 사용해 요오드-129와 테크니슘-99의 핵종변환을 주로 연구하고 있다. 일본에서도 오메가 프로젝트에서 선형전자가속기를 이용해 이 핵종변환장치를 연구하고 있다. 요오드-129와 테크니슘-99는 저에너지에서 포획효율이 좋기 때문에 낮은 에너지중성자인 열중성자를 사용해 핵변환 효율을 높일 수 있다. 테크니슘-99는 중성자 포획으로 테크니슘-100이 되고 베타붕괴해 안정된 루데늄$^{Ru-100}$이 된다. 요오드-129는 제논-130으로 되었다가 다시 요오드-130으로 붕괴한다. 그러나 이 기술은 대전류 가속기를 건설하는 데 비용이 많이 들고 여러 단계 실증실험을 거쳐야 하기에 아직 실용화되지 못했다. 감마선이나 레이저를 이용하는 것은 소멸효율은 좋으나 기술적으로 난이도가 높을 뿐만 아니라, 원자수준을 탐구하는 소규모 실험수준엔 적합하나 대규모 상업시설로 운영하기에는 너무 비경제적이다.

원자로를 이용하는 방식은 먼저 재처리와 군분리를 통해 악티늄족을 뽑아낸 다음, 원자로에 집어넣어 악티늄족의 핵분열을 유도하는 것이다. 중성자와 충돌에 의한 소멸처리방법은 원자로내 중성자에 의한 핵연료의 핵분열 현상과 같은 반응이다. 소멸처리 주 대상핵종인 넵투늄, 아메리슘 등은 고속중성자와 반응성이 좋기 때문에 경수로보다는 고속증식로가 유리하지만, 고속증식로는 아직 안전성이 확보되지 않아 실용성이 떨어진다. 미국은 EBR-II, 프랑스는 Phoenix, 독일은 KNK-II, 일본은 조요 등의 고속로를 이용해 실험하였다. 경수로는 이미 가동 중인 원자로를 이용할 수 있어 별도 시설투자가 필요 없는 반면에 소멸처리용 핵연료의 장전량이 제한되기 때문에 소멸효과가 낮다. 이에 소멸처리에 전용할 수 있는 전소로 연구도 진행되고 있다. 미국은 GE에서 PRISM을, 알곤국립연구소에서는 IFR^{Integral Fast Reactor}이란 전소로를 만들어 연구하고 있다. 일본은 1980년대부터 M-ABR과 P-ABR이란 두 가지 전소로를 만들어 연구할 정도로 상당히 선도적인 위치를 점하고 있다.

재처리^{再處理, reprocessing} 기술

연탄을 태우면, 처음에 새카맣던 연탄이 연소하여 속까지 모두 하얗게 된다. 즉, 석탄에 있던 거의 모든 탄소가 연소에 참여하여 이산화탄소가 되어 열을 내면서 날아간다. 그런데, 원자력발전소에서 사용한 핵연료는 한 번에 모두 연소되지 않는다. 즉, 핵연료 내 모든 우라늄 원소가 핵분열반응에 참여하지는 못한다. 핵분열물질인 U-235 중 핵분열반응에 참여하지 못한 것들이 상당수 남아있고, 핵연료에 주성분으로 들어있던 U-238 중 일부가 중성자와 반응하여 만들어진 Pu-239도 있다. 플루토늄은 사용후핵연료에서 1% 정도를 차지한다. 이들을 쓰레기로 버리지 않고 뽑아내서 다시 핵분열 반응에 연료로 사용할 수

원자력과 방사성폐기물

있다면 자원 재활용 효과와 쓰레기 감소 등 긍정적인 효과가 기대된다. 이렇게 핵물질을 사용후핵연료에서 다시 뽑아내 재사용할 수 있도록 처리하는 공정을 재처리라고 한다. 이 재처리공정은 방사선량이 높고 고열을 발생시키는 핵연료를 화학 처리하는 공정이므로 방사선 방호시설과 원격조작, 핵분열물질의 특수성을 고려한 시설을 갖춰야 하고, 작업 중 발생하는 방사성기체인 크립톤^{Kr}, 제논^{Xe}, 요오드^I 등 방사성기체들을 완전하게 포집하는 설비도 필요하다.

재처리방법은 습식과 건식 두 가지로 나눌 수 있는데, 습식은 강산으로 핵연료를 녹인 후, 여러 가지 물리화학적 공정을 거치면서 핵분열성 물질인 우라늄$^{U-235}$와 플루토늄$^{Pu-239}$를 뽑아내는 것이다. 재처리기술은 처음에 사용후핵연료에서 플루토늄을 추출해 핵무기를 제조하기 위해 개발했는데, 여러 가지 원자로형이 개발되면서 플루토늄을 연료로 사용한 고속증식로가 등장하여, 사용후핵연료 처분 부담도 덜고 자원 재활용 가치도 생겨남에 따라 원자력 강국에서는 상업용 재처리시설을 가동하기 시작하였다. 미국, 영국, 프랑스, 러시아, 일본 등이 재처리 시설을 운영하고 있다. 재처리 기술은 원자력을 발전용으로만 이용하려는 의도를 지니고 있다 하더라도 곧 핵무기 제조의 확대로 이어질 수 있기 때문에 국제사회는 이 기술의 추가 확산을 우려하고 방지하려는 노력을 끊임없이 경주해 오고 있다. 상용화된 기술로 가장 많이 쓰이는 것이 퓨렉스$_{PUREX, Plutonium-Uranium Redox Extraction}$ 용매추출법이다.

퓨렉스 공법을 조금 살펴보면, 먼저 사용후핵연료를 해체해

연료봉을 다루기 쉽게 작게 절단한다. 그런 다음, 90도에서 질산 용액에 담가 연료를 녹여낸다. 다음에 유기용매인 TBP^{tri-butyl phosphate} 용액과 접촉시키면 우라늄과 플루토늄이 여기에 달라붙고, 나머지 핵분열생성물이나 다른 악티늄 원소들은 질산 용액에 남는다. 이제 다시 TBP에 달라붙은 핵종들을 새로운 질산 용액과 접촉시키면, 우라늄과 플루토늄이 재추출되어 나온다. 질산염 형태로 있는 우라늄, 플루토늄을 산화물 형태로 바꾼다. 마지막 단계로 우라늄과 플루토늄을 핵분열생성물질과 기타 악틴족원소에서 분리한다. 이제 우라늄과 플루토늄을 분리해 각각 다른 용도로 쓰거나 혼합해 새로운 원자력연료^{MOX, Mixed Oxide Fuel}로 사용한다. 이 기술을 이용하면 사용후핵연료에 있는 우라늄과 플루토늄을 순수하게 개별 분리 회수할 수 있지만 그 밖의 원소들, 즉 반감기가 길고 방사선이나 열을 많이 방출하는 원소들은 고온에서 용융 유리와 혼합하여 유리화 폐기물을 만든다. 유리화 폐기물은 고준위폐기물로 영구처분하게 된다. 여기에는 반감기가 수십만 년에 이르는 원소와 열을 다량으로 방출하는 원소들이 모두 포함되어 있어 처분장의 공간을 줄이거나 폐기물의 관리 기간을 단축시키지 못한다. 현재 프랑스는 습식 재처리를 이용해 사용후핵연료에서 순수 플루토늄을 뽑아낸 뒤 농축우라늄과 섞어 원자력발전소의 연료로 사용하고 있다. 일본 역시 습식 재처리 기술과 시설을 확보하고 있지만 고압처리 시설에 기술적인 문제가 있어 아직 활용하지 못하고 있다.

그림 4.10
습식 재처리 기술인 PUREX공정 개념도

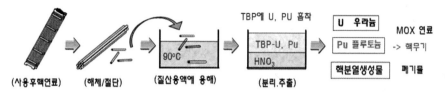

파이로 프로세싱^{pyro-processing} 기술

원자력 강국들은 습식 재처리 방식 외에 20년 전부터 고온에서 사용후핵연료를 재처리하는 고온전기분해 기술을 개발해오고 있다. 습식에서는 독극물로 분류되는 플루토늄을 추출하고 다루기 때문에 안전상의 위험요소가 크다. 사용후핵연료에서 플루토늄을 단독 분리하지 않고 혼합물로 군분리하려는 기술이 바로 건식 전기분해 방식이다. 국내에서는 아직 통일된 번역 용어가 없기 때문에 건식 처리, 고온전기분해 등이 쓰이나 '파이로 프로세싱'이라고 영어를 그대로 사용하는 것이 주류로 정착해 가고 있다. 이 기술은 500도 이상 고온에서 사용후핵연료에 들어있는 산화우라늄을 용융시키고, 전기전도성을 지닌 용융염을 매질로 사용해 전기화학 반응으로 금속우라늄을 선택적으로 수집하는 기술이다. 플루토늄과 다른 초우라늄계 원소들도 금속 혼합체로 회수하여 고속로용 핵연료로 활용할 수 있다. 기존 습식기술에서는 플루토늄을 선택적으로 분리하여 핵폭탄의 원료로 사용할 수 있었는데, 이 기술에서는 이 과정이 없어 상대적으로 핵확산 저항성이 높은 기술로 평가된다. 핵확산 저항성이란 핵무기나 핵무기원료물질이 여러 나라로 확산되는 것을 억제한다는 뜻이다.

우리나라는 핵연료와 관련된 기술개발에 핵확산금지조약 회원국으로서 제약을 받고 있고, 원자력발전으로 나오는 사용후핵연료를 직접 처분하는 데에도 부지 마련에 상당한 부담을 가지고 있다. 이런 상황에서 건식 재활용기술인 파이로 프로세싱pyro processing 기술은 플루토늄 추출이 어려워 핵폭탄 제조기술로 활용될 가능성이 적으므로 핵확산금지조약을 지키면서 사용후핵연료를 재활용할 수 있는 기술로 부각되어 한국원자력연구원을 중심으로 활발히 연구가 진행되고 있다. 반면, 반대하는 의견도 많은데 아직 완성된 기술이 아니기에 성공적인 기술개발을 보장할 수 없으며, 개발한 핵연료를 아직 개발단계인 미래형 원자력시스템인 소듐냉각고속로SFR에 사용할 예정이라 둘 다 성공해야만 실용화된다는 한계가 있다. 또한, 국제적으로 한국의 원자력 기술 개발은 한미원자력협정에 영향을 받기 때문에 미국의 합의가 있어야 가능하며, 현재까지 미국은 초기 단계 전해환원 공정개발만 인정하고 있다. 미국은 핵비확산원칙을 전 세계에 요구하는 입장이어서 한국 내 우라늄농축 및 재처리시설 운영을 인정하지 않는다. 한국은 원자력의 평화적 이용분야에서만큼은 기술독립을 이룩하고 세계원전시장으로의 수출을 목표로 하고 있다.

소듐냉각고속로는 경수로와는 열매체와 핵연료조성이 다르고 나머지 전기를 생산하는 공정은 동일하다. 경수로는 열매체로 물을 쓰는데, 물은 중성자를 흡수하므로 열중성자와 반응성이 좋은 우라늄-235를 연료로 쓴다. 그런데, 우라늄-235는 우라늄광물에서 0.7%만 존재한다. 우라늄광물 대부분을 차지하는 우라늄-238과 다른 핵물질들을 연료로 쓸 수 있도록 개발한 것이 고속로다. 일차 열매체를 나트륨^{소듐}으로 바꾸면 중성자 흡수율이 낮아지므로, 고속중성자로 우라늄-238을 핵분열시킨다. 소듐은 산소와 반응하기 쉽고, 물과 닿으면 급격히 반응해 수소폭발 할 수 있기 때문에 공정제어가 어려우며, 이로 인해 일본과 프랑스에서는 고속로 실험 중 잦은 사고가 일어났고 상용화 기술개발이 늦어지고 있다. 고속로 기술에서 가장 앞서가는 나라는 러시아다. 지금까지 큰 사고 없이 기술개발을 성공적으로 이뤄냈고, BNP-800 고속로는 러시아 전력망에 연결되어 전기를 생산한다. 2030년까지 120만kW 출력을 내는 고속증식로$^{BN-1200}$ 3기를 건설할 예정이다.

우리나라에서 개발 중인 파이로 기술을 개략적으로 살펴보면 다음과 같다.

공정은 크게 4단계로 나눌 수 있다. 첫 단계는 사용후핵연료를 해체 절단하고, 두 번째는 전해환원 단계로 산화우라늄을 우라늄금속으로 만들고, 세 번째는 전해정련으로 혼합물 속에서 우라늄만 분리 회수하며, 4번째 전해제련단계에서는 용융된 플루토늄, 악티늄족, 핵분열생성물을 같이 회수한다.

그림 4.11
파이로 공정 및 핵물질 순환 개념

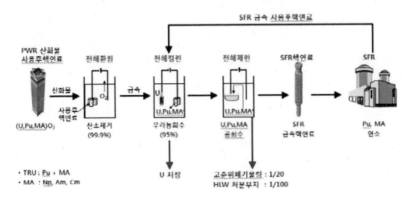

연료전처리 공정

파이로 건식공정은 사용후핵연료 집합체를 해체하는 것으로 시작한다. 사용후핵연료를 싸고 있는 지르코늄 피복관을 벗겨내어 연료를 해체한 다음, 작게 절단한 후 우라늄연료를 분말로 만든다. 이때 발생하는 피복관 조각과 격자 등은 저준위폐기물로 처리한다.

전해환원공정電解還元, electro-reduction

파이로 프로세싱 기술의 핵심은 고온의 용융염 매질에서 전기를 이용해서 사용후핵연료를 처리하는 것으로, 산화우라늄 형태인 핵연료 분말을 금속 물질로 변환시키는 것이다. 이 금속 물질에는 우라늄과 플루토늄, 반감기가 길고 방사선을 많이 방출하는 미량의 핵물질 군들이 모두 포함되어 있다. 이를 고온의 용융염 매질에서 전기분해를 이용하면 대부분의 우라늄만을 선택적으로 회수할 수가 있다. 스트론튬, 세슘처럼 고열을 내는 핵종들도 이때 제거하기 위해 전기분해하는 과정으로 우라늄, 플루토늄 등이 한데 섞여 있는 핵연료를 얻기 위한 첫 단계다. 국내에서는 고온 LiCl-Li$_2$O 용융염계에서 우라늄산화물의 금속전환과 Li$_2$O 전해반응이 동시에 진행되는 통합반응을 기초로 한 전기환원기술을 개발하였다. 현재 한국원자력연구원 전해환원 시설로 사용후핵연료를 연간 0.2톤 처리할 수 있다.

한미 협정에서는 파이로 프로세싱 전체 과정 중에서 첫 단계에 해당하는 전해환원 기술에 대한 장기 국내실험 동의를 얻었다. 또, 조사 후 시험의 장기 동의도 확보됐다. 이는 핵연료나 재료를 원자로에 넣어 중성자를 조사照射한 뒤 제대로 탔는지 분석하는 것을 말한다. 이후 전해정련단계는 공동연구로 미국에서 실험을 수행하게 되어있다. 이번 협정에서 후반부 공정에 대한 장기 동의는 포함되지 않았다. 후반부 공정에 대해서는 한국과 미국이 공동 연구를 진행한 뒤 그 결과를 평가해 2020년 이후 파이로 프로세싱 전체 과정에 대한 추진 여부를 결정하기로 협약하였다.

전해정련공정electro-refining process

전해정련공정에서는 우라늄을 회수하는 것이 목적이다. 전해질로 사용되는 LiCl-KCl 공융염은 안정적인 전기화학적 성질을 갖고 있어 대부분의 핵분열생성물이나 초우라늄원소들과 반응하지 않는다. 전해정련장치에서는 고체음극에서 순수한 우라늄을 회수하며, 전해질에 매달려있는 액체 카드뮴 음극에서는 다양한 초우라늄원소들로, 플루토늄, 아메리슘, 넵티늄, 퀴륨, 우라늄과 희토류 원소들을 회수한다. 잔류 분열생성물들은 염과 아래층인 액체 카드뮴층에 모인다. 음극전착물은 일정한 양이 모였을 때 회수하기 위해 고온진공 상태인 음극처리기로 보내 용융해 휘발성 성분들을 기화한 후 고화시킨다. 이 휘발성 성분들은 우라늄정착물의 경우에는 염이며, 액체 음극전착물일 경우에는 카드뮴이다. 휘발된 성분들은 재순환을 위해 응축 회수된다. 다른 물질이 제거된 금속잉곳은 사출주조공정으로 보낸다. 국내에서는 미국이나 일본과 다르게, 철 고체 전극 대신에 흑연으로 사용하는 연구를 진행하고 있다. 우라늄 금속이 전극표면에 전착과 동시에 흑연과 화합물을 형성하고 전착이 진행됨에 따라 자발적으로 분리되는 특성이 있어 다른 조작 없이 우라늄 전착물의 회수가 가능하다.

그림 4.12
흑연음극을 이용한 우라늄 전해정련 및 전해제련 공정

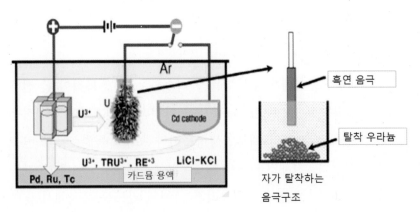

원자력과 방사성폐기물

전해제련공정 electro-winning process

전 단계인 전해정련 공정에서 용융염에 용해된 초우라늄원소와 핵분열생성물들을 회수하는 공정이다. 용융 카드뮴에 음극으로 액체전극을 사용하여 이 원소 일부를 공석출시켜 회수한다. 회수된 전극은 그림과 같이 밀도가 큰 액체전극이 용융염 하부에 위치한다. 그런 다음 다시 전기를 이용해서 잔여 우라늄과 플루토늄을 포함한 미량의 핵물질 군을 함께 회수하게 된다. 이런 공정의 특성상 습식 재처리 기술과 달리 플루토늄을 선택적으로 분리할 수 없다. 전기화학적 특성상 우라늄만 선택적으로 분리해 낼 수 있다.

회수해낸 핵연료 물질은 현재 개발하고 있는 고속로에서 전기를 생산하면서 모두 안정한 원소로 변환시켜 줄 수 있기 때문에 사용후핵연료가 지니는 장기간 관리 필요성을 줄일 수 있다. 처리 과정에서 발생하는 용융염 폐기물은 버리지 않고, 재생하여 원래의 공정 시스템으로 순환시킬 수 있다.

폐기물 처리공정

파이로 프로세싱 폐기물은 금속폐기물과 염폐기물 두 가지다. 금속폐기물은 피복외피, 용해되지 않은 핵분열생성물들이고, 염폐기물은 전해제련공정을 통해 핵종들을 회수하고 제올라이트 같은 흡착제로 알칼리 원소를 분리해낸 후 재사용한다. 그래서 최종적으로는 핵분열생성물을 흡착한 제올라이트만이 폐기물이 되고, 초우라늄원소는 다시 핵연료물질로 사용한다.

국내 연구 상황과 찬반논쟁

국내 연구 상황을 살펴보자. 2011년에 10톤 처리 규모의 모의mock-up 시설을 건설하였다. 시설명칭은 PRIDE로, PyRo-process Integrated inactive DEmonstration facility의 약자이다. 이 시설은 실제 사용후핵연료 대신 감손 우라늄으로 만든 모의 사용후핵연료를 사용해서 시험하는 비방사성 시설이다. 한미 핵연료주기 공동연구를 통해 실제 사용후핵연료를 사용한 실험 자료를 확보함으로써, 오는 2020년까지 파이로의 기술성, 경제성, 핵확산 저항성을 검증하고 이후 국민적 동의를 거쳐 실증 시설을 구축할 예정이다. 그러나 실제 사용후핵연료를 사용한 연구개발은 전적으로 한미원자력협정에 기반하고 있고, 현재 미국은 전처리 공정에 해당하는 전기분해만 한국에서 수행할 수 있도록 허용했기 때문에, 실제 한국원자력 미래 기술로 활용하기 위해서는 넘어야 할 산이 많다.

파이로 프로세싱 기술을 활용해 사용후핵연료를 직접 처분할 경우에 대비해 고준위 방사성 폐기물 처분장의 규모를 100분의 1 정도로 감소시키는 것을 목표로 하고 있다. 우리나라의 경우 소규모의 고준위 방사성 폐기물 처분장만 확보하더라도 앞으로 100년 이상은 사용후핵연료 관리라는 골치 아픈 문제를 쉽게 해결할 수 있게 된다. 또, 이 기술이 고속로와 결부될 때 고준위 폐기물의 관리 기간을 수십만 년에서 수백 년으로 단축할 수 있어 지질학적 예측 가능 범위 안에서 처분장 부지를 선정할 수 있는 등 고준위 폐기물 관리의 안정성이 대폭 높아지게 되며, 이로 인해 후손에게 핵 쓰레기를 대물림한다는 우려를 불식시킬 수 있다.

원자력과 방사성폐기물

또한, 핵확산 저항성이 뛰어나, 원자력의 평화적 이용을 갈망하는 국제사회의 여망에 적합한 기술이며, 전체 공정이 간단해서 상업화에 성공하면 경제성 또한 경쟁력이 높아 개발의 부가 가치가 높을 것으로 기대한다.

한편, 환경단체나 반핵론자를 중심으로 국내에서 파이로 기술 개발을 추진하는 것에 대해 반대가 심하다. 이들의 의견을 요약하면, 첫째로, 파이로 기술은 실증된 기술이 아니라는 점이다. 여러 나라에서 연구를 하고 있지만, 기술이 완성된 나라가 없고, 상용화된 시설을 가진 나라도 없다. 또한, 파이로 처리로 만들어낸 금속 핵연료를 사용할 고속로도 마찬가지로 실증된 기술이 아니라서 성공을 보장할 수 없다. 지난 60년간 미국, 프랑스, 일본, 독일 등에서 고속로를 개발했지만 상용 고속로는 만들지 못했다. 그러므로 불확실한 기술에 많은 돈을 투자하는 것은 낭비라는 것이다. 둘째로, 핵비확산성이 있다는 건 신뢰할 수 없다는 점이다. 공정을 추가하면 얼마든지 플루토늄 추출이 가능하다고 말한다. 셋째로, 파이로 기술을 도입함으로써, 처분장 면적을 백 분의 일로 줄인다는 것은 허구라는 점이다. 여전히 많은 중저준위와 고준위폐기물이 발생하고, 만약 파이로 기술이 성공한다 해도, 직접처분할 '사용후핵연료량'을 백 분의 일로 줄이기 위해서는 경수로 2기당 같은 발전용량의 고속로 1기가 필요하므로 고속로를 20기 이상 건설, 운영해야 한다는 결론에 도달한다고 주장한다.

여러분의 의견은 어떠한가? 저자는 파이로 기술개발에 관계되지 않았지만, 팔은 안으로 굽어서 그런지 파이로 반대론에 수긍하면서도 몇 가지 긍정적인 면을 바라보고 있다. 우선, 과학기술은 미래에 대한 도전이다. 현재 상황에 초점을 맞추기보다 미래 가능성을 더 중요하게 보고 싶다. 지금 국내에서 하는 파이로 기술 개발은 연구단계이다. 연구는 1%의 가능성만 있어도 시도할 수 있다. 90% 이상의 성공 가능성만 추구한다면 우리는 남의 뒤만 쫓아가는 기술 종속국의 신세를 면하기 어려울 것이다. 물론 한정된 재원으로 연구투자 우선순위를 고려해야 하지만, 세계 경제 10위권 수준인 한국에서 이 정도 투자는 할 수 있다고 여긴다. 다음으로 파이로와 고속로를 실패한 기술로 단정 짓기는 이르다. 일본, 프랑스 등은 주춤거리지만, 러시아는 독자 기술로 이미 상당 수준에 접어들었다. 파이로 기술개발 초기에 한국은 러시아와 공동기술개발을 추구했지만 미국의 반대로 좌절된 경험이 있다. 마지막으로 조심스러운 의견으로, 핵물질을 다룰 수 있는 기술과 전문인력, 시설을 갖추고 있다는 것은 과학기술력에 한 중요 거점을 확보하고 있다는 시사를 주며, 국제정세에서 상당히 중요한 의미를 갖는다. 그렇기에 미국은 국제원자력기구를 통해 한국원자력연구원에서 일어나는 모든 연구 활동을 CCTV로 관찰하듯이 세심히 지켜보고 있고 한미 공동연구로 파이로 기술개발을 통제하고 있다.

원자력과 방사성폐기물

휴게실방담4.3 : 태공유수로 몸속 석면 빼내기

열분해 실험장치

소각장치 중 열분해熱分解, pyrolysis 공정이란 게 있다. 보통 소각은 가연성 유기폐기물을 태우는 과정이고, 화학적으로는 산소와 반응시켜 이산화탄소를 만들어 기화시키는 과정이다. 그런데, 열분해란 산소 없이 단지 고열로 유기물을 분해하는 반응이다. 유기물이란 탄소원자를 주축으로 여기에 산소, 수소, 질소 등이 달라붙어 있는 구조인데 보통 300도에서 900도 정도 고열을 가하면 탄소뼈대만 남고 나머지는 기화해 버린다. 이 탄소뼈대만 남은 것이 숯검댕인데 고압으로 뭉치면 흑연이 된다.

석사학위로 열분해반응실험을 한 경력으로 방사성고체폐기물 열분해공정을 연구해 보라는 과제가 떨어졌다. 그런데, 이 열분해 실험이라는 게 노동집약적인 3D 작업이다. 석사과정 때부터 장치 설계부터 제작까지 내 손으로 다 작업해야 했다. 니크롬선으로 반응용기를 돌돌 감아 고온으로 가열시키는데, 누전을 막기 위해 이 니크롬선을 고리 같은 세라믹 절연체를 수백 개 끼우고, 마지막에는 석면포로 이 장치를 감싸 외부 발열을 막고 절연시킨다. 옛날 그리스 시대부터 석면은 사악

한 힘을 막는 마법의 물질로 생각해 천을 짜서 사용했다는데, 나는 이 석면포를 실험용기 옷으로 매번 입히고 벗기기를 반복하였다. 실험은 온도에 따른 기체 성분조사, 반응속도와 에너지 상관관계 등을 분석하고, 후반부에는 이 장치를 다 분해해서 내부 탄화물을 분석하는 작업이다. 여기서 제일 골치 아픈 문제는 석면포였다. 하지만 그 당시에는 석면의 문제점을 전혀 알지 못했다. 이 석면포가 고열을 받으면 가루로 부서져서 장치분해 시 온 사방으로 날린다. 더운 여름에는 땀이 많이 나니 웃통을 벗고 끙끙대며 볼트 너트를 해체하다 보니 온몸에 석면가루가 박히고 다음 날 거울을 보면 가슴에 붉은 반점이 잔뜩 돋아난다. 석면의 위험성을 알았더라면 아무리 더워도 온몸을 둘러싸 무장하고 실험도 밀폐된 공간에서 수행해 안전을 기했을 텐데, 지금 생각하면 너무 안타깝다. 그렇지만 그 당시에는 에어컨이나 좋은 실험시설을 갖추지 못했었다.

걸레스님의 기공

그러고는 세월이 흘러 어느 날, 원광스님이란 기인이 토요일마다 서울에서 대전으로 내려와 식장산에서 기공을 가르친다는 정보를 입수하고, 기인이란 도대체 어떤 사람인지 궁금해 산으로 달려갔다. 대여섯 명이 원으로 둘러싼 가운데, 온몸을 넝마로 덮어쓴 걸레스님이 서 있었는데, 눈빛이 형형하고 얼굴 혈색이 빨갛게 밝고 건장한 체격에 옆에 낀 대금이 눈에 띄었다. 특별한 가르침은 없고 그냥 두 손을 들고 다리를 구부리고 맨발로 맨땅

원자력과 방사성폐기물

에 서서 시선은 정면을 향한 채 네 시간 동안 꼼짝 않고 벌서는 게 다였다. 일명 태공유수太空流水란 동작이라는데, 옛날 진묵선사가 아침에 해 뜰 때 이 동작을 취해 저녁 해 떨어질 때 이 동작을 풀었다나. 체력이나 참을성 하나는 미련한 곰처럼 강한 게나 아닌가. 옆에 서서 나도 같은 동작을 취했다. 한 20분을 하니 다리근육이 심하게 떨리기 시작하며 참기 힘들어지기 시작했다. 40분 정도가 지나가니 팔이 끊어질 듯 아프며 고통이 극에 달했다. 너무 미련한 짓 같아 포기할까 하는데 옆에 가냘픈 아주머니 한 분이 이를 악물고 눈물을 글썽이면서도 포기하지 않고 버티는 게 눈에 들어왔다. '그래, 이 사람이 그만둘 때 나도 그만두자' 하며 작정하고 다시 스스로 용기를 북돋웠다. 명색이 젊은 남자가 체력싸움에서 건장한 사람도 아니고 병약해 보이는 사람에게 질 수는 없지 않은가. 그런데 이 아주머니가 이제는 눈물에 콧물까지 흘리면서 곧 쓰러질 거 같으면서도 악쓰며 버티는 게 아닌가. 아, 지독한 사람이다. 이제 나 스스로 그만둘 시점을 잡아야겠다. 바람결에 나뭇잎 하나가 떨어지는 시점이라든지. 이제는 다리근육만 떨리는 게 아니라 온몸이 떨려왔다. 그러다가 어느 순간 깨달음이 왔다. 사람이 고통을 못 참는 것은 몸이 못 견디는 게 아니라 마음이 못 견뎌서 그렇다는 것을. 그렇다. 대학 시절에도 비슷한 경험을 했었는데 까먹고 있었구나. 많은 사람이 고문으로 몸이 망가지고, 못 견디어 항복하고 말았지만, 끝까지 버텨낸 사람들은 몸이 강건해서라기보다 바로 마음이 강했던 분들이었다. 어느덧 해가 기울어지기 시작하자, 스님이 대금을 불기 시작했다. 그러자, 피리 소리에 뱀이 춤추듯 사람들이 소리 따라 몸을 흔들기 시작했다. 이전까지 대금을 음악으로만 감상했는데, 오늘 대금 소리는 희한하게도 가슴을 파고 들어오는 묘한 파장이 있는 듯했다. 하산하고 같이 저녁 식사를 하는데 팔을 움직일 수 없었다. 근육이 굳어 손가락만 겨우 움직이는데 숟가락으로 떠서 입을 그릇 쪽으로 가져가 겨우 밥을 집어넣을 수 있었다.

스님이 전수해주는 게 옛날부터 내려오는 우리 고유의 풍류도라는데, 태백산맥파를 계승한 분이라고 했다. 기공수련단체인 국선도에 청산거사나 기천과 유사한 점이 많았다. 이 분이 무술계에 숨은 고수라 한 번씩 대결하러 오는데, 대부분 일 합에 승부가 나 버렸다나. 그래서 무술 하는 사람들이 제자가 되고파서 오면 무조건 태공유수 벌을 서야 하는데, 건장한 사람도 한 시간을 버티지 못하고 대부분 내려가 버렸다고 한다. 이 사람들 말도 믿기 어렵고 네 시간 벌서는 게 너무 미련한 짓 같아 그만둘까 했는데, 예의 그 악바리 아주머니가 자신은 병원에서 포기단계에 있는 신부전증 환자로 인공투석을 계속했는데 이제 그 주기가 점점 빨라져 조만간 인공투석도 소용없게 될 예정이라 주변정리를 하고 있다가 이것을 알게 되어 삼 개월 전부터 죽고살기로 매달렸는데, 이제는 인공투석을 하지 않고도 이렇게 살아가고 있단다. 걸레스님이 주는 건 아무것도 없는 것 같지만 오늘 분명 난 큰 깨달음을 얻은 게 있었으니 조금만 더 해 보기로 했다. 옛 분

원자력과 방사성폐기물

들이 수련했다는 풍류도에 대해 뭔가 더 알려줄 것 같은 기대감도 있었다.

그때부터 나도 악쓰고 하다 보니, 어느 날 다리에서 새빨간 반점들이 돋아 나오는 게 아닌가, 그다음부턴 태공유수만 하면 반점들이 돋았는데, 주위 사람들이 몸속 폐기들이 다리로 빠져나가는 증상이며 자신들도 유사한 경험을 했단다. 한 사람은 다리가 시커메지는데, 전에 화학요법으로 암 치료 하면서 몸속에 쌓인 화학약품들의 독기가 빠져나가면서 그렇게 된다는 거였다. 불현듯 잊었던 옛날 석면포를 해체하던 일이 생각나면서 몸속에 박혀 있던 석면들이 이렇게 빠져나가는 건가 하는 느낌이 왔다. 의사들에게 이야기하면 웃겠지만, 어쨌든 아직까지 석면으로 인한 증상이 없으니 감사할 따름이다.

5

원자력 사고와 영향

5.1
사고의 등급분류

일반 산업과 마찬가지로 원자력산업에서도 여러 가지 사건, 사고가 일어나므로 심각한 정도와 확산성을 일반인과 관련자에게 신속하고 일관되게 전달하기 위해 국제원자력 사고등급체계가 수립되어 있다. 심각한 수준에 따라 1~7등급으로 분류하고, 방사선 영향이 미치지 않는 것은 사건으로, 영향이 심각한 것은 사고로 분류하였다. 우리가 잘 아는 체르노빌과 후쿠시마 사고는 가장 큰 7등급에 속한다.

원자력과 방사성폐기물

표 5.1
원자력 사고등급 체계

분류	등급	특성
사고	7 대형사고	방사성물질 대량 외부 누출 보건 및 환경에 대한 심각한 영향 수반 체르노빌, 후쿠시마 사고
	6 심각한 사고	방사성물질 상당량 외부 누출, 방사성 비상계획 필요.
	5 광범위 위험사고	방사성물질 한정적인 외부 누출 방사선 피폭으로 수 명 사망 원자로 중대손상이나 방사성물질 대량 소내유출 쓰리마일아일랜드 사고. 브라질 고니아니아 세슘오염사고
	4 한정범위 위험사고	방사성물질 소량 외부 누출, 음식물 섭취제한 방사선 피폭으로 최소1명 사망 원자로노심 상당량 손상. 핵연료 내 물질 0.1% 이상 누출
사건	3 심각한 사건	종사자 선량한도 10배 이상 피폭 화상 등 비치사 결정적 영향 발현 작업구역에서 1Sv/h 이상의 선량률 사고유발 가능성, 안전계통의 심각한 기능 손상 고방사능 밀봉선원 분실이나 도난
	2 사건	10mSv 이상 일반인 피폭, 비정상적 운전 작업구역 내 50mSv/h 이상 선량률 종사자 선량한도 초과
	1 단순사건	심층 방어기능이 충분한 상태에서 단순한 비전상적 운전 발생 일반인의 연간 선량한도 초과. 저방사능 밀봉선원, 방사선기기 등 분실, 도난

5.2
체르노빌 사고

사고 발생과 경과 [5.1 ~ 5.3]

체르노빌 하면 사람들은 러시아의 영토에서 일어난 일이라고 짐작한다. 그러나 정확히는 1986년 사고 당시에는 소비에트 연방이었던 우크라이나 땅에서 일어난 일이었다. 우크라이나는 러시아와 민족이나 언어가 달랐는데, 국력이 쇠퇴해 1924년에 연방 구성공화국으로 합병되었고, 소련연방이 해체되면서 1991년에 다시 독립하였다. 11세기에는 강성해서 키예프 루스가 동유럽 중심역할을 하였고, 19세기부터 우크라이나로 불리었다. 소련은 우크라이나 북쪽 벨라루스에 인접한 지역인 드네프르 강변 프리피야티에 원자력발전소를 4기 운영했는데, 그중 1983년에 가동을 시작해 3년이 경과한, 상대적으로 신규 시설이었던 원전 4호기에서 사고가 났다. 1986년 4월 26일에 발생한 원전 사고는 핵연료가 녹아내려 원자로가 폭발한 사고로서 소련의 원자로 설계자가 일어날 확률이 거의 없다고 본 대형 사고였다. 사

원자력과 방사성폐기물

고는 어이없게도 원자로의 결함에 의한 것이 아니라, 인간의 연이은 실수가 부른 인재였다. 발전소가 정전되었을 때, 일어날 수 있는 여러 가지 상황을 예상해 실험을 진행하고 있었다. 실험을 여러 번 반복하기 위해 원자로를 매번 가동 정지하였다가 다시 가동하기에는 많은 시간이 걸리므로, 원전을 정지시키지 않고 실험을 반복할 의도로 원자로 비상정지계통을 끊어버렸다. 모든 원자로는 이상이 생겼을 때 원자로를 자동으로 정지시키는 기능이 중요한 핵심 제어기술인데, 이 기능을 끄고 실험을 강행한 것이다.

결국 이로 인해 설계자의 상상 밖의 일이 일어났다. 실험 중 핵연료를 냉각시키는 냉각수가 공급되지 않으면서 핵분열이 왕성히 일어나 원자로 출력이 증가하고 냉각재와 감속재인 흑연의 온도가 급격히 상승하였다. 흑연은 숯과 같은 탄소 덩어리여서 발화점인 600도를 넘기자 폭발하며 원자로 내부를 날려 버렸다. 우리나라에서 주로 발전하는 경수로는 1m 두께의 거대 콘크리트 격납 돔으로 원자로를 밀봉하지만, 소련의 원자로는 흑연감속형 원자로로, 격납용기가 없다. 그래서 더욱 쉽게 폭발물이 원자로 건물을 뚫고 날아올라 바람을 타고 넓게 퍼져 우크라이나뿐만 아니라, 인접국 벨라루스 영토 22%가 오염되었다. 서쪽으로 더 날아간 오염물질은 유럽 상당영역을 오염시켰다.

그 후 유럽에서 우유와 채소에서 요오드$^{I-131}$와 세슘$^{Cs-137}$이 검출되기 시작해 식품안전이 중대 관심사가 되었다. 사고 다음 날부터 원전이 있는 프리퍄치를 중심으로 주변 마을 주민 37만 명이 피난을 가야 했다. 사고 현장에선 30명이 사망하고 200여 명이 방사선 피폭 재해를 당했다. 이 사고로 인한 직접적인 사망자는 약 9,000명으로 집계됐다. 원전 주변 30km 내 토양과 지하수가 오염되어 지역을 폐쇄하였다. 사고 후 1,000km 이상 떨어진 스웨덴과 독일에서 지표오염이 100kBq/m² 수준으로 나왔고, 국민 평균 선량은 연간 약 0.2mSv로 나왔다. 세계보건기구[WHO]가 조사한 바에 의하면, 현재까지 유럽지역 거주민들에게 가장 큰 피해를 준 핵종은 I-131로 밝혀졌다. I-131은 물리적 반감기가 8일로 짧아 큰 영향이 없을 것으로 예상했으나 일단 몸에 들어간 핵종은 갑상선에 주로 흡수되어 피폭 지역 주민들에게 갑상선암을 유발시켰으며 특히, 소아들이 취약했던 것으로 조사되었다. 사고 20년 후 사고지역 30Km 이내 소개지역을 조사한 결과, 일부 토양 및 막힌 호수는 방사능 농도가 아직 높지만 공기는 정상을 회복했다. 생물생태계도 정상으로 회복되어가고 있으나 간혹 기형이 발견된다.

그림 5.1
사고 후 체르노빌 발전소 모습을 찍은 항공사진. 원자로 건물이 폭발해 날아가 버렸다(왼쪽). 사고 1주일 후 유럽에 퍼진 세슘-137의 농도와 분포(오른쪽)

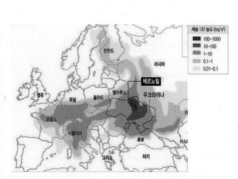

그림 5.2

사고 후 20여 년이 지난 2008년 12월 체르노빌 원전 건물. 파괴된 원자로 건물 내 용융핵연료에서 오염 확산을 막기 위해 계속 콘크리트를 들이부어 지금과 같은 석관 형태의 건물 외관이 생겼다. 파란 모자 쓴 이가 필자(왼쪽). 사고 후 수습에 동원되었던 중장비 차량들. 오염된 채로 그냥 버려져 있다(오른쪽)

나의 체르노빌 프로젝트

2008년 우크라이나 환경지화학연구소와 한국원자력연구소가 국제협력의 일환으로 방사성폐기물 처분기술을 공동연구하기로 협약을 맺어 공동연구를 위해 우크라이나를 방문하게 되었다. 이 방문에서 나의 주된 관심은 1986년 체르노빌 사고가 난 후 20여 년이 경과했기 때문에 그동안 방사성물질로 오염되었던 원자로 주변에서 어떤 상황들이 그동안 전개되었고, 이 오염물질들이 땅속에 스며들어 어떻게 이동하였는지 살펴보는 것이었다.

우크라이나 측 프로젝트 책임자는 율리아 본달Yulia Bondar인데 한국을 아주 좋아한다. 이틀간 우크라이나 수도인 키예프에 있는 환경지화학연구소에서 학술적인 논의를 하고, 셋째 날은 체르노빌로 현장답사를 갔다. 상당히 긴 여행길이었는데, 도중에 방사성낙진에 오염되어 주민들을 이주시키고 폐허가 되어버린 프리퍄치를 방문하였다. 도시의 이미지는 암울한 미래상을 그린 영화들 화면 그대로였다. 그럴만한 게 영화감독들이 이 도시를 보고 그 이미지를 영화에 활용했으리라. 겨울이라 더 그랬겠지만 너무 을씨년스럽고 검은 잿빛이 흩날리는 유령도시였다. 죽음의 도시라도 봄이면 식물들의 싹이 나고 꽃들도 피고 야생동물들도 돌아다닐 텐데. 이들의 생태계가 어떻게 변했는지 관심이 많았지만 겨울이란 계절적 한계와 일의 범위를 너무 확대할 수 없어서 가끔 기형동물들이 관찰된다는 이야기를 듣는 것으로 만족해야 했다. 드디어 출입금지 울타리 문을 열고 체르노빌 현장에 도착했다.

그림 5.2에서 보이는 건물은 사고가 난 원자로 건물을 콘크리트로 덮어씌우고 여러 가지로 차폐한 모습이다. 사고 초기에는

그림 5.3
이제는 사람이 살지 않는 폐허가 되어 버린 체르노빌 인근 아파트촌 모습(왼쪽) 복구를 위해 공사 중인 모습. 자금 부족으로 복구속도는 한참 느리다(오른쪽).

원자력과 방사성폐기물

헬기로 콘크리트를 퍼부어 대기로 확산하는 것들을 방지하는 데 주력하였다. 이에는 성공하였으나 몇 년이 지나자 이제는 하늘에서 내리는 빗물과 눈을 통해 덮은 차폐물 사이 엉성한 틈을 타고 건물 내부로 침투한 물이 오염되어 지하로 스며드는 것이 문제가 되기 시작했다. 사람이 건물에 접근해 공사할 수 없었으므로 완벽한 차폐공사를 할 수 없었던 탓이다. 연간 4,000톤에 물이 원자로로 들어가 방사능 오염이 되어 지하수맥으로 이동한다. 지하수맥은 주변을 흐르는 드네프르 강으로 연결된다. 주변 선량을 재니 높은 곳이 350μSv/h 수준인데 이는 자연방사능의 약 1,000배 수준이다.

체르노빌은 우크라이나인들에게 어떤 의미를 가질까? 돌아오는 길에 율리아에게 물어보았다. 그 답은 내 예상을 벗어나, 러시아의 무책임성과 약소국의 설움을 토로해 내었다. 1986년 사고가 났을 때, 우크라이나는 소련연방의 일원이었다. 좋은 의미로는 연방이었지만 부정적으로는 식민지였다. 그 시점에 소련 경제가 어려워지고 있었던 이유도 있었지만, 사고 후 모든 역량을 동원해 오염방지대책을 강구하려는 의지나 노력은 턱없이 부족하였고, 1991년 소연방이 해체되면서 맹주 러시아는 도망치듯 가버리고, 거대한 사고덩어리는 그대로 우크라이나 국민에게 힘겨운 짐으로 주어졌다. 해결해야 할 사고 후 처리사업에 너무나 많은 자금이 소요되는 까닭에, 정부도 거의 손을 놓고 오염지역 접근을 금지한 채, 방사능이 자연 감쇠되어 해결될 그 날까지 기다리고 있는 방법 밖에는 달리 대책이 없다. 우크라이나가 스스로 만들어낸 사고도 아니고 오히려 가장 큰 피해자이기 때문에, 사고 영향권에 있는 러시아를 중심으로 유럽공동체가 나서서 이 문제를 공동으로 대처해주길 바라지만, 몇 번 학술 차원의 연구 프로젝트 이외엔 유럽 정치권에서 이 문제를 해결하기 위한 공감대가 쉽게 이루어지지 않고 있다. 지금 유럽 학계에서 논의되고 있는 프로젝트는 원자로 주변에서 지하로 땅을 파고 들어가 지하시설을 만든 다음, 원자로 건물 전체를 이 지하시설에 집어넣어 버리는 구상을 하고 있는데, 자금조달 문제에 걸려 추진이 안 되고 있다. 약소국의 설움이 우크라이나인들 가슴에 맺혔으리라, 나도 모르게 가슴이 답답해지고 창밖 회색빛 풍광이 회한에 젖게 만든다. 이상화의 '빼앗긴 들에도 봄이 오는가'를 나지막이 읊조려 본다. 체르노빌은 그들에게 빼앗긴 들이며 그 땅에 언제 다시 봄이 올지 기약이 없다. 그럼에도 불구하고, 몇 달 후면 봄기운에 새싹들이 돋아나고 희망도 우리 가슴에 살아나길 기대하며 차를 내린다.

2008년 12월, 필자의 방문 후, 유럽공동체에서 좀 더 자금이 적게 드는 대안으로 약 8억 달러 예산을 마련해 거대한 지붕을 새로 만들어 씌워 외부에서 들어오는 물을 완벽하게 차단하는 방법으로 한창 공사가 진행 중이다. 불행 중 그나마 다행이다. 계속하여 후속 조치들이 이뤄지길 고대해 본다. 버려진 들에도 조금씩 새싹이 돋을 조짐이다.

체르노빌 사고 후 30여 년이 지난 이 시점에서 또 다른 인류 문명사에 역설이 생겨나고 있다. 체르노빌 반경 30Km 이내는

원자력과 방사성폐기물

인간이 살 수 없는 황폐한 지역으로 변하고 모든 인간은 사라져 버렸지만 이제는 이곳이 서서히 동식물들이 마음껏 자유를 만끽하고, 번식하고 뛰어다니며 생장하는 지상 낙원이 되어 가고 있다. 비록 방사선 피폭으로 병들어 죽고 기형으로 태어나 힘든 삶을 이어가는 개체들도 있지만, 인간이 없는 세상, 인간이 모든 삶의 조건을 규정하던 억압의 굴레가 사라지니 새로운 세상이 그들에게 열린 것이다. 지금까지 지구의 역사에서 6번의 생물 대멸종 사건이 있었다는데, 현시대 인류문명은 가장 화려했지만 가장 짧았던 역사로 기록될지도 모르겠다. 인류가 멸종하면 지구도 다른 별처럼 가스만 가득한 생명체가 없는 별로 변하기보다는 새로운 환경에 적응한 새로운 동식물이 나타나 번영하는 제7의 생물시대가 열릴 것 같다.

5.3
후쿠시마 원전사고[5.4 ~ 5.9]

2011년 3월 11일, 센다이에서 130km 떨어진 태평양에 9.0 규모 지진이 발생하여, 지각 진동이 3분여간 일어났다. 후쿠시마 1, 2, 3호기는 지진감지계가 설정치 초과를 기록하자 원자로 보호계통이 작동하고 운전을 자동정지하였다. 4호기는 정비 중이어서 이미 가동이 정지된 상태였다. 지진 영향으로 송전탑이 붕괴하여 모든 외부 전력망이 단절되었고, 비상 디젤발전기들로 전력을 공급하여 안전기능을 유지하였다. 지진 40분 후 15m 높이의 거대한 쓰나미가 일본 동쪽 해안으로 밀려와 후쿠시마 발전소까지 5.7m 높이의 방파제보다 5m 이상 높게 덮쳐왔다. 그림 5.5 사진 참조 핵분열반응은 멈추었지만 원자로에는 이미 발생한 방사성물질이 내뿜는 방사선과 붕괴열로 원자로 내 온도는 계속 상승하게 되므로, 이를 억제하기 위해 냉각수를 계속 공급하여야 한다. 그런데 바닷물이 발전소를 덮치면서 지하에 있던 비상발전기도 침수되어 버렸다. 이제 원자로는 모든 동력원

원자력과 방사성폐기물

을 잃고 비상노심 냉각장치나 냉각수 순환 시스템을 작동할 수 없게 되었다. 원전 설계자가 예상하지 못한 사고 시나리오였다. 5, 6호기에서는 공기냉각 비상디젤 발전기 1대만 가동되어 원자로와 사용후핵연료 저장조 냉각에 쓰였다. 일본은 전 국토가 화산과 지진 활성지역이므로, 이에 대한 대비가 나름 세계 최고라고 자부해오던 터였다. 그래서 다중방벽 시스템을 구축해 한 가지에 문제가 생기더라도, 이중 삼중으로 방어책을 구축해, 발전소에서 전기를 생산하지 못할 때는 외부 전원을 끌어오고, 외부 전원이 끊어졌을 때는 기름으로 자가발전을 이중삼중으로 하고, 최후로는 축전기를 사용하게 구축되어 있었다. 그러나 쓰나미로 발전소가 침수되는 상황은 전혀 예상하지 못한 것이다. 모든 방어망이 침수로 단절되어 버리고, 원자로에 냉각수를 공급할 모터를 가동할 수 없게 되자 원자로 온도가 급격히 상승하기 시작하였다. 1호기 원자로 물이 고온고압 조건에서 수증기로 바뀌고 핵연료를 싸고 있던 피복재인 지르코늄과 반응해 수소가 급격히 발생하였다.

[참고 : $Zr + 2H_2O \rightarrow ZrO_2 + 2H_2$, $Q = 5.8MJ/kg$]

발열반응이라 열 발생이 커서 수소농도가 10% 이상이면 폭발하는데, 이 폭발과 더불어 핵연료가 용융되기 시작했다. 다양한 방사성물질이 대기로 방출되었고, 상당량은 지하수를 타고 태평양에 흘러들어 바다가 조금씩 오염되어가고 있다.

그림 5.4
쓰나미가 해안지방을 덮치는 모습과 물에 잠긴 원전 모습

표 5.2
후쿠시마 사고 시 대기방출 추정량

주요핵종	반감기	대기방출량 (PBq = 10^{15}Bq)	
		후쿠시마	체르노빌
Xe-133	5 일	–	6,500
I-131	8 일	90 ~ 200	1,800
Cs-137	30년	6 ~ 37	85

표 5.3
후쿠시마 사고 시 토양 및 해양 오염 추정량

평가기간	대기에서 침적 (PBq = 10^{15} Bq) (2011. 3. 12 ~ 4.30)		해양으로 방출 (2011. 3. 12 ~ 6.30)	
	I-131	Cs-137	I-131	Cs-137
JAEA	99	7.6	11	3.5

원자력과 방사성폐기물

그림 5.5
후쿠시마 제1원전의 지하수 오염 경로 개념도. 지금도 오염수가 계속 태평양으로 흘러들어가고 있다.

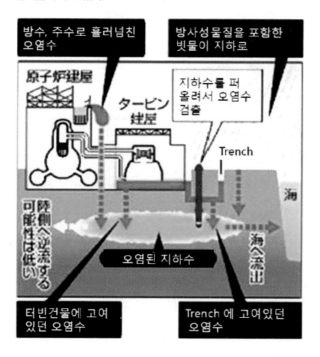

후쿠시마 사고 이후로 시간이 꽤 경과했지만 아직까지 사고는 완전히 수습되지 못했다. 핵연료다발을 녹이기 위해 냉각수를 계속 투입해야 하고 오염수는 지하수를 타고 태평양으로 계속 흘러 들어가고 있다. 방출되는 세슘과 스트론튬은 약 2큐리[C], 6×10^{10} Bq이라 한다. 원전반경 20km를 출입금지 지역으로 설정하고 8만 명의 주민들을 이주시켰다.

사고 후 3년이 지난 2014년에는 계속 지하에서 지하수가 유입되어 원자로 하부 오염지역을 거쳐 오염된 방사성핵종들을 신고 태평양으로 흘러나가는 것을 막고자 350억 엔의 자금으로 지하얼음방벽을 구축하기 시작했다. 원자로 1~4호기를 둘러싸는 1.5km에 걸쳐 지하 30m 깊이로 땅을 파고 2m 두께로 파이프를 매설한 다음 냉매로 염화칼슘을 순환시켜 토양을 영하 40도로 동결시키는 계획이다. 그러면 30m 이내 지하수 유입이 차단되고, 오염된 지하수도 흘러나가는 것을 막는다는 계산이다. 이 공사는 2016년에 완공해 운영을 시작했는데, 일본원자력규제위원회는 얼음방벽이 지하수를 완벽하게 차단하지 못해 지하수가 계속 유입되고 있으며 또 다른 대책을 새롭게 강구해야한다고 발표했다. 전문가들의 진단에 따르면 방벽공간에는 부분적으로 얼지 않은 영역이 존재하고 이를 통해 지하수가 유입되는 것으로 추정하였다. 또 다른 조치는 지하수가 해저로 유출되는 입구에 핵종수착능이 좋은 제올라이트를 투망에 담아 침수시켜놓고 유출되는 핵종들을 수거하는 방법이다.

사고의 원인분석 및 교훈

후쿠시마 사고의 특징을 살펴보자면 첫째로 설계기준을 초월한 극심한 자연재해로 준비된 안전설비와 사고관리대책이 무력화되었다는 점이다. 비상시 원자로의 안전성을 확보하기 위해서는 원자로를 정지시켜 핵분열반응이 더 이상 일어나지 못하게 하고, 핵연료에서 발생하는 붕괴열을 계속 제거해 연료봉 과열을 막고, 방사성물질과 외부의 격리 상태를 유지해야 한다. 이번 사고는 원자로 운전 정지는 되었으나, 연료봉 냉각수를 공급 못해 연료봉이 과열되어 수소 폭발로 격납용기가 파손되면서 대기

원자력과 방사성폐기물

그림 5.6
발전소 주위로 동결배관 설치 개념도

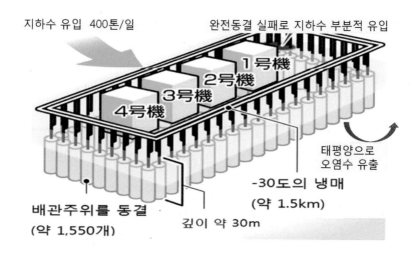

로 방사성물질이 비산하였다. 체르노빌 사고가 작업자의 공정제
어 실수와 격납용기가 없는 등 설비 내부 요인에 기인한 것과 대
비된다. 미국에서 개발한 원전을 도입하면서 지진 다발지역인
일본의 부지특성 반영이 미흡하였다. 미국은 광활한 국토에 지
진 빈도도 약한 반면, 일본은 활화산에 지진 다발지역이고 쓰나
미 영향도 크다. 그래서, 미국보다 강화된 지진과 쓰나미 설계기
준을 세웠다. 일본 원전은 지진에는 강한 면모를 보여 주었지만,
실제 사고는 지진 여파로 발생하는 쓰나미가 설계기준을 훨씬
초월하였다. 강수 침수에 대한 고려 없이 발전소 각 부분 배치
설계를 한 것도 문제였다. 비상 디젤발전기, 직류축전지, 배전반
등이 모두 지하나 지상 1층에 위치해 침수에 취약하였고, 이로
인해 모든 사고가 유발되었다. 두 번째로, 한 부지 내 다수 호기

에서 동시에 중대사고가 발생했고 장기간 지속되었다는 점이다. 1, 3, 4호기에서 수소 폭발이 일어났고, 1, 2, 3호기 장전 핵연료의 대량 용융과 원자로 용기와 격납용기 손상이 일어났다. 또한, 사용후핵연료 저장 수조가 침수되면서 제때에 냉각수를 보충해주지 못함으로써 사용후핵연료 습식저장 시스템 사고 안전성 개선의 필요성이 대두되었다. 셋째로, 대량의 방사성물질이 외부로 방출되어 대기로 확산되어 토양을 오염시키고, 오염된 지하수를 타고 해양으로 오염 확산이 계속되고 있는 점이다. 방사성물질 방출 총량은 체르노빌에 비해 10~20% 수준으로 평가된다. 방사능준위는 미약하지만 지하수를 타고 해양오염이 계속되고 있어 장기누적 효과가 우려된다. 신속한 대피가 이루어져 방사선 피폭으로 인한 사망자는 거의 발생하지 않았으나 사고지역 주변 토양, 지하수, 해양 오염으로 장기간에 걸친 생태계 영향이 우려된다. 인간에게는 오염된 농수산물이 초미의 관심사가 되고 있다.

우리나라에 미치는 영향

우리에게는 직접적으로 태평양에서 잡아 공급되는 바닷고기들의 방사능오염 여부가 심각한 국민 관심사로 떠올랐다. 그래서 우리 식품안전처와 해당 기관들이 수입 해산물 방사능 검역을 실시하고 있는데, 가끔 기준치 이하지만 방사능에 오염된 해산물이 검출되고 있다. 국내법에서 사람이 섭취하는 음식물의 방사능 오염 허용 기준은 식약청 고시로 한국식품공전에 규정되어있다. 이를 표 5.4에 정리하였다. 이를 살펴보면, 대상핵종은 요오드-131과 세슘-134, 137로 되어있다. 다른 핵종들이 포함되지 않은 이유는 현실적으로 알파나 베타선 방출 핵종들은 측정하기가 어렵고, 방사능 사고나 오염 시, 세슘, 코발트, 스트론튬이 가장 많이 유출되는 핵종이라 세슘양만 측정하면 다른 핵종들은 상대적인 비율을 짐작할 수 있기 때문이다. 코발트는 반감기가 세슘보다 상대적으로 짧아 빨리 사라지고, 스트론튬은 베타선원이라 측정을 별도로 해야 한다. 그런데, 요오드는 유출량이 상대적으로 적지만 불활성기체로 휘발하기 쉽고 음이온으로 존재하여 이동성이 높고 인체 흡입 시 갑상선에 주로 모이는 등의 특성 때문에 중요하게 다룬다. 특히 요오드 동위원소 중 측정하기 쉬운 요오드-131의 감마선세기를 측정한다. 허용치 수준으로 오염된 수산물을 먹으면 어느 정도 피폭이 일어날까? 일반적으로 수산물을 일 년에 13kg 먹는다고 보고 인체 유효선량을 계산해 보면 일 년에 약 0.02mSv 피폭되는 것으로 계산된다. 인체에 유해하다고 판단하는 법적허용치 1mSv/yr에는 50배 정도 낮은 수치다.

2013년에서 2016년 사이 측정한 수산물 중 가장 오염이 심했

표 5.4
식품 중 방사능기준 한국식품공전

대상핵종	허용기준 (Bq/kg)	반감기
I-131	300	8일
Cs-134 + Cs-137	100	2년, 30년

던 것만 추려서 정리하였다. 다시마나 러시아산 대구에서 주로 오염이 일어났음이 드러나는데, 이것이 후쿠시마 사고의 영향인지 그 이전 소련의 방사성폐기물 해양투기에 의한 것인지는 알 수 없다. 그 정도 오염량은 허용치의 한참 아래 수준이기 때문에 건강상에 우려는 하지 않아도 된다.

표 5.5
2014년 유통 축수산물 방사능 검사결과 최고치 2014.5 검사실적

대상물	최고 방사능 수준 (Bq/kg)	검사기관
쇠고기(뉴질랜드산)	Cs 3	식약처 대전청
다시마(국산) 3건	I 20, 15, 6	식약처 부산청
대구(러시아산)	Cs 16	서울시 검역소
청새리상어(원양산)	Cs 4	해수부 수자원관리원
황태채(중국산)	Cs 3	식약처 경인청
녹차 (국산)	Cs 3	식약처 서울청
표고버섯(국산) 2건	Cs 1	식약처 광주청
맥주 (일본산)	Cs 1	서울시 검역소

원자력 안전을 연구하는 사람들에게 일본은 참으로 연구해 볼 게 많은 나라다. 과학기술적인 측면에서도 그렇지만 사회과학적인 측면이나 정신세계도 그렇다. 우선, 일본은 전 국토가 화산과 지진대에 속해있다. 이런 나라에서 원자력발전소를 50여 기를 건설해 운영한다는 것은 충분히 놀라운 일이다. 물론 일본 과학자들에게 물어보면 과학기술적으로 충분히 안전하게 운영할 기술력과 노하우가 있다고 답할 것이다. 2011년 전이었다면 말이다.

그럼 지금은 어떤가. 후쿠시마 사고 직후에는 일본 내 모든 원전 가동을 중단하고, 원자력 발전을 포기할 것처럼 하더니 서서히 원전 재가동 정책을 취하고 있다. 2017년 3월 현재 총 57기 중 5기를 다시 운전 중이고, 26기는 심사 중, 폐기 결정한 것은 13기이다. 사고 후 일본은 액화 천연가스와 신재생에너지로 원전을 대체하기 위해 노력했다. 그러나 이후 5년 연속 막대한 천연가스 수입에 따른 무역수지 적자를 해소하지 못했고, 전기요금은 가정용 20%, 산업용 30%를 올렸다. 신재생에너지는 발전 채산성이 낮아 국고로 보조해주고 있는데, 가구당 신재생에너지 부과금이 매달 2012년 56엔에서 2017년엔 686

엔으로 올랐다. 너무 비싼 탈원전 대가로 인해 원전 재발전으로 방향을 틀고 있다.

그럼, 다시 일어나선 안 될 불행한 일이지만, 만에 하나라도 후쿠시마 같은 사고가 더 일어나면, 일본은 원전정책을 완전히 포기할까? 글쎄, 그건 그때 일본 사회 분위기가 중요하겠지만 내가 아는 일본은 절대 포기하지 않는다. 왜 그럴까?

이 문제는 많은 사람에게 지대한 관심사이고, 일본과 이웃한 한국, 중국, 대만에는 직접적 영향을 미치기 때문에 첨예한 문제이다. 그러므로 객관적인 답을 하기 위해서는 일본의 과학기술 전반과 사회경제적인 요인 분석 등 많은 작업이 이뤄져야 할 것이다. 그러나 여기서는 일본은 제조업 위주의 에너지 다소비 국가이고, 에너지 부존자원은 턱없이 부족하다는 것, 앞 단락에서 언급했듯이 사고 후 탈원전으로 생기는 경제적 부담을 극복해내지 못했다는 점을 우선 상기하자. 다음으로 일본은 에너지원의 쓰나미를 극도로 우려한다는 점이다. 지금까지 자본주의의 역사는 호황–인플레이션–불황–대공황–전쟁의 순환을 해 왔다. 그 와중에 경제 버블이 터지고, 에너지 파동이 일어난다. 탈핵 후 1970년대와 같은 석유파동이 들이닥치면 일본 경제는 치명타를 입을 가능성이 크다. 제2차 세계대전에서도 일본은 제일 먼저 동남아를 점령해 에너지원을 확보했고, 독일도 중동을 점령해 석유를 확보했다. 국가 에너지원 확보는 국제정치·경제적인 측면에서 아주 중대한 요소였음을 알 수 있다.

이상과 같은 요소들은 간단히 언급하고, 내가 관심 있게 살펴

원자력과 방사성폐기물

보려는 것은 일본의 문화·정신적인 측면이다. 내가 경험한 일본인의 마음속 알맹이를 들여다보고, 이를 통해 그들의 행동양식, 정책추진 방향을 가늠해 보고자 한다. 영국의 생물학자 리처드 도킨스는 『이기적인 유전자』를 통해 인간은 유전자의 숙주이며 생물학적 유전자와 유사하게 문화유전자밈, meme가 있어 한 사회에서 다음 세대로 역사와 함께 계속 전달된다는 주장을 했다. 바로 이 일본인의 문화 유전자의 기원과 현황을 살펴보면서, 일본인의 기질과 정신세계에서 답을 구하고자 한다.

히다치사의 웅덩이

보통 우리가 동양 3국을 이야기할 때, 중국은 대륙기질, 한국은 반도기질, 일본은 섬기질 이라고 칭한다. 그런데 내가 경험한 일본은 그게 아니다. 그들은 바다를 보면서 살아왔다. 그들에게는 바다기질, 태평양기질이 있다. 그게 정치적으로 발현되면서 제국주의가 되었다. 그래서 서기 1500년대에 중국을 치겠다고 우리보고 길을 비키라고 하며 임진왜란을 일으켰다. 16세기부터 항구의 문을 개방해 네덜란드의 문물을 계속 받아들였다. 19세기 말에는 동양권에서 가장 빠르게 서양문물을 받아들여 몇십 년 만에 세계 선두를 다투는 과학 산업 입국을 달성하고 빠르게 아시아권을 점령해 나갔다. 물론 제국주의 본국들에 도전한 결과는 참패였지만 그들의 정신세계는 그대로 가슴속에 잔존해 있다. 일본 동쪽 해안은 센다이仙臺-후쿠시마福島-또까이東海 까지 원자력벨트 지대다. 전에 또까이에 있는 일본원자력연구소에 연구업무로 6개월간 머물렀다. 그때 히다치日立市에 있는 히다치사를 방문할 기회가 있었다. 본부건물 앞 넓은 잔디밭에 지름 50m 정도 되는 큰 웅덩이가 있었다. 저게 뭐냐고 물어봤더니 2차 세계대전 때 미군이 폭격한 흔적이란다. 그 답을 듣는 순간 나는 등골이 송연해졌다. 그들은 매일 저 웅덩이를 바라보며 무슨 생각을 할까? 왜 본부를 저 웅덩이 앞에 세웠을까? 왜, 저 흔적을 없애거나 다른 용도로 활용하지 않고 정성껏 가꾸면서 바라볼까? 1945년 히로시마와 나가사키에 원폭이 투하되면서 일본은 인류 최대 재앙을 맛보았다. 원자력이라면 절대 반대하는 게 국민정서일 것이다. 그런데 일본은 반대로 나갔다. 원자력으로 할 수 있는 거의 모든 걸 온 국력을 동원해 추진하고 있다.

일본인들의 마음속 영웅

또까이에서 북서쪽으로 차로 한두 시간 가면 닛코국립공원이 있다. 광대한 공원 안에는 센죠가하라戰場의 平原라는 고대 전설이 서린 곳 옆에 토쿠가와이에야스德川家康를 모시는 토쇼쿠東照宮이 있다. 일본인들이 가장 존경하는 영웅이다. 그들이 할 수 있는 모든 정성을 들여 그 사당을 멋지고 화려하게 가꾼다. 일본인들은 토쇼쿠 안 그의 묘인 오쿠미야御寶塔 앞에서 그의 유훈을 새긴다.

"사람의 일생은 무거운 짐을 지고 먼 길을 걷는 것과 같다.

서두르지 마라. 무슨 일이든 마음대로 되는 것이 없다는 것을 알면 굳이 불만을 가질 이유가 없다. 마음에 욕망이 생기거든

원자력과 방사성폐기물

곤궁할 때를 생각하라.

인내는 무사장구의 근원이니 분노를 적으로 알아라. 이길 줄만 알고 질 줄을 모르면 그 해가 자기 몸에 이르느니라. 자신을 탓하되 남을 나무라지 말라.

미치지 못함은 지나침보다 나은 것이다. 모름지기 사람은 자기 분수를 알아야 한다. 풀잎 위의 이슬도 무거우면 떨어지기 마련이다."

나는 이 유훈이 일본인의 가슴에 새겨진 핵심 문화유전자라고 본다. 이에야스는 어릴 때 아버지를 여의고 줄곧 복종을 강요당하면서 살아가면서도 큰 꿈을 가슴에 품고 결코 드러내지 않으며 한

그림 5.7
동조궁 뒤에 있는 도쿠가와 이에야스의 무덤인 오쿠미야 御寶塔. 탑 앞에 있는 삼구족인 화사. 화병. 촉대는 1643년에 인조가 조선통신사를 통해 보낸 것이라고 한다.

발 한 발 나아가 강력한 정적들을 제거하고 일본을 손에 넣은 사람이다. 그의 인내력을 상징적으로 보여주는 유명한 비유가 있다. 많은 사람이 알겠지만 다시 한번 읊어 보자.

누군가 최고 권력자에게 두견새를 공물로 바쳤는데, 새가 울지 않았다. 그러자, 그 시대 성질 급한 영웅이었으며 짧게 권력을 누렸던 오다 노부가나織田信長는 "울지 않는 두견새는 죽여 버리겠다."라며 칼을 빼 들었다. 그다음 권력을 잡고 조선도 침략하며 상당 기간 권력을 누렸던 도요토미 히데요시豊臣秀吉는 "울지 않는 두견새는 울게 만들겠다."라며 새를 움켜쥐었다. 세 번째로 권력을 잡고 대대로 막부시대를 이어갔던 도쿠가와 이에야스德川家康는 "울지 않으면 울 때까지 기다리겠다."라며 그 앞에서 죽쳤다고 한다.

유제두와 화혼和魂

일본인들은 한 번 정한 목표를 결코 포기하지 않고 될 때까지 노력하는 걸 최고 가치로 여긴다는 가치관의 근원을 바로 여기서 찾을 수 있다. 이런 신화화된 이야기가 현대 일본인의 마음속에 어떻게 자리 잡고 있는지 보자. 1976년 2월에 일본에서 세계 주니어미들급 챔피언전이 열렸다. 1975년에 유제두가 빼앗은 챔피언벨트를 되찾고자 벌였던 와지마 고이치의 복수전이었다. 둘 다 양국에서 영웅이었다. 양국 모두 워낙 큰 관심사라 방송, 언론이 온통 난리였다. 한국인 눈에는 그 당시 유제두에게 맞설 선수가 없어 보였다. 그런데, 경기가 시작되자 게임

원자력과 방사성폐기물

이 너무 이상하게 풀리기 시작했다. 평소의 유제두가 아니었다. 체중과 힘을 실어 올려치던 그 모습은 온데간데없고 시종 무기력하게, 마치 약물에 중독된 것처럼 허우적대었다. 그래도, 워낙 단련된 몸이라 맷집이 좋아 계속 두들겨 맞으면서도 버티다 마지막 15회전에 다운당해 K.O.패를 당했다. 경기 내내 누군가 음식에 약물을 넣었거나, 져주기로 약속하고 돈을 받았을 거라는 의구심이 들었다. 나중에 세월이 흘러 유제두가 한 말이 "매니저가 준 오렌지를 먹고 나서부터 정신을 차릴 수 없었다."였다. 이 이야기를 꺼낸 이유는 경기 후 일본 방송에서 흥분해서 떠든 내용 때문이다. 온 나라가 축제 분위기로 흥분해서 외쳤다. 바로 '일본정신 和魂의 승리'라는 거다. 뭐가 일본정신인가? 일본인들의 정신의 고향 닛코 토쇼쿠에서 그들 가슴에 새기는 그 유훈이다. 어릴 때부터 부모로부터 듣고, 학교에서 배우고 한 번씩 순례를 가 가슴에 새긴다. 일본인들은 강자가 이기는 것보다 온갖 패배와 고난을 극복해내고 복수하며 최후 승자가 되는 걸 최고의 가치로 친다. 그런데, 이런 정신자세가 스포츠나 개인 인격수양 차원에 머물지 않고, 국가 장기 전략에도 묵시적으로 배어있다는 점이다. 바로 히다치회사 본관 앞 웅덩이에서 그들이 가슴에 새기는 내용이다.

일본 제국주의 의식과 과학기술
일본의 원자력 종사자나 정치인을 만나 보면 세상을 보는 눈이나 스케일이 우리와 다르다는 것을 쉽게 알 수 있다. 이미 제국주의를 경험한 그들은 21세기 또 다른 제국을 꿈꾼다. 20세기 이후로 과학기술강국이 세계를 지배한다는 것이 확고해졌다. 물론 그 이전 역사에서도 세계를 바꾼 승리국은 항상 새로운 기술과 무기로 무장한 세력이었다. 세계역사를 봐도 그렇고 동아시아 역사를 봐도 그렇다. 임진왜란도 육지에서는 일본의 조총과 조선의 화살의 대결, 승패는 싸우기도 전에 이미 결정 나 있었다. 하지만 바다에서, 조선은 일본보다 우수한 화약기술과 대포를 가지고 있었다. 조선술도 발달해 판옥선은 일본 배보다 전투에서 훨씬 더 우수한 역량을 발휘했으며, 홈그라운드의 이점을 살려 지형지물을 최대로 활용하는 명장이 있었으니 위기를 이겨낼 수 있었다.

21세기 세계강국은 과학기술 강국이 차지할 수밖에 없다. 지금 무섭게 올라오는 중국을 보라. 미국 이공계 대학원은 중국학생이 없으면 무너지고, 이제 세계 최초 최고 기술이 중국에서 나오기 시작했다. 드론, 태양열 발전, 고속철 모두 중국이 세계시장을 지배하고 있다. 중국은 에너지원이 풍부한 나라다. 수력자원도 풍부하다. 그런데 왜 원자력발전소 수십 개를 공격적으로 건설하고 있는가? 왜 일본은 그렇게 위험한 원자력을 큰 재앙을 두 번이나 당하면서도 포기하지 않는가? 바로 21세기 과학기술 핵심축 중의 하나를 원자력이 담당하고 있기 때문이다. 원자력은 앞으로 어떻게 뻗어 나갈지 알 수 없다. 또 큰 사고를 당할 수도 있고, 상업적 핵융합이 성공할 수도 있고 새로운 기술이 열릴 수도 있다. 많은 과학자가 방사성물질을 선구적으로 연구하다가 피폭되어 병으로 죽었다. 19세기 말 일본 철 제련기술자가 선진제련기술을 배우기 위해 독일 제철소

　　　　　　　　　　　　원자력과 방사성폐기물

에 견학 가서 시뻘겋게 흘러나오는 쇳물을 보고 충동을 참을 수 없어 거기에 손을 넣었다가 손을 잃었다는 믿지 못할 이야기가 전해진다. 이게 내가 만나는 일본 과학자들이 술 마시며 들려주는 가슴속 이야기다. 그들은 원자력을 포기하지 않는다. 계속 사고 나는 고속증식로도 포기하지 않는다. 그들의 야심의 불을 끄기란 어렵다. 물론 일본에서 반핵활동이 활발하다. 그러나 일본 천황제가 무너지는 정도의 사회 대변혁을 겪지 않는 한 일본의 주도세력은 변하지 않는다.

한국에 대비해 볼 때, 이제 한국은 반도 기질도 아니고 청계천 기질 정도로 후퇴하는 건 아닌지 아쉽고 안타깝다. 강 물줄기를 내 논에 대려고 서로 싸우듯이, 다방면에 걸쳐 갈등과 투쟁이 끝이 없다. 반도 수준에서 봐도 같은 양상이다. 2017년 우리나라 국방비는 40조 원이다. 대부분 미국 무기를 사서 북한을 겨눈다. 남북이 서로 평화협정을 맺고 이 돈을 경제와 과학기술에 투자할 수 있다면 젊은이들에게서 헬조선이란 단어를 사라지게 만들 수 있을 것이다. 우리 모두 눈을 들어 우리가 엉뚱한 미끼만 열심히 쫓아가고 있는 건 아닌지 살펴볼 때다. 미국에는 경마장처럼 경구장, 즉 개 달리기 시합장이 있다고 한다. 개들 앞에 가짜 토끼를 놓고 문을 열면 그 토끼를 잡으려고 개들이 열심히 뛰어가는데, 물론 토끼는 개에게 잡히지 않을 속도로 앞으로 달려가게 조종한다. 눈을 들어 남북한이 강대국들이 주도하는 개 경주에 동원되어 멋모르고 열심히 뛰고 있는 건 아닌지 돌아봐야 할 때다.

5.4
기타 원자력산업계 사고

※이 항목은 참고문헌 [5.10 ~ 5.14] 의 내용을 발췌 요약하고, 저자의 자료를 추가하여 편집하였다.

브라질 고이아니아 세슘누출사고 [5.10 ~ 5.13]

그림 5.8
밀봉 세슘-137선원과 내부 염화세슘(CsCl) 가루

이 사고는 5등급에 해당하는 비극으로, 철저한 안전관리가 얼마나 중요한가를 일깨워주는 사건이다. 워낙 어이없이 벌어진 사건이라 TV 서프라이즈 프로그램에서도 방영되었다. 1985년 브라질 고이아니아 시에서 운영하던 암 전문 병원이 이전하는

데, 그 지역에 병원이 없어지면 곤란했던 건물주 반대로 법원이 병원 건물의 철거를 못 하게 하면서, 1977년에 구매했던 암 치료용 방사선 기기를 건물에 두고 간 것에서 문제가 시작된다.

이 치료기는 고방사능 세슘-137을 사용하는 장치였다. 이 기기를 관리하기 위해 경비원을 두었지만 1987년 9월 13일에는 경비원이 무단결근하였다. 그런데 그날 이웃 청년인 산토스와 와그네르가 병원에 침입해 돈 될 것으로 생각된 암 치료 장치를 뜯어서 집으로 가져갔다. 그리고 그들은 기기를 해체하다가 그림 5.7과 같은 세슘 캡슐을 꺼냈다. 캡슐을 뚫고 쏟아지는 감마선 피폭을 받다 보니 구토, 설사 등 피폭 증상을 보였는데 병원에서는 상한 음식을 먹어 생긴 식중독으로 진단하였다.

계속 해체작업을 하다가 16일 단단히 봉인한 캡슐을 부수어 염화세슘 가루를 꺼내게 되었다. 어두운 곳에서도 영롱한 푸른빛을 내뿜는 걸 보고 신비한 물질로 생각하고 주변에 자랑했고, 9월 18일 근처 고물상에 25달러에 팔았다. 푸른빛에 대해서는 참고 5.2 체렌코프 복사선 참고 고물상 주인도 신기해서 친척들에게 나누어 주었는데, 21일에 이걸 가져간 한 가족 중 6살 난 딸이 신기해하다가 먹어버렸다. 부인은 미용에 좋을 줄 알고 피부에 발랐다. 보름 후인 9월 28일, 자신과 주변 사람들이 아프기 시작하자 부인은 근처의 유일한 보건기구인 동물병원을 찾아갔는데 비닐봉지 안에 든 문제의 푸른 가루를 본 수의사는 좀 더 큰 병원으로 가라고 충고했고 부인은 버스를 타고 보건소와 군 병원을 방문하면서 주변 사람들을 피폭시켰다. 마침내 29일 정부에서 푸른 가루의 정체를 깨닫고 대책을 세우려 42명의 전문가를 파견했는데, 휴대용 방사선 측정기가 오염 최고 수준을 가리켰지만 고장으로 오인하고 보호 장구 착용도 안 했다가 피폭 후 나중에 알게 되었다. 그만큼 눈에 보이지 않기 때문에 대책을 세우기도 힘들었다.

그 후 진상이 파악되자 그전에 터진 체르노빌 사고도 있는지라 사람들이 방사능 공포에 질렸고, 정부는 부근 주민들을 단체로 검진하게 된다. 검진결과 249명이 오염진단을 받고 5천여 명이 급성 스트레스 증후군 진단을 받았다. 피폭자들을 치료했지만 249명 중 111명이 10년 안에 죽었다. 과피폭이 아니더라도 DNA가 손상을 받으면 영향이 시간을 두고 나타나기 때문에 암이나 면역력 저하로 죽어 나갔다. 일단 세슘가루를 먹은 딸 다스 네베스 페헤이라는 10월 23일 6Sv 방사능 내부 피폭으로 신장과 폐 손상, 내출혈을 일으키고 신체 면역이 마비된 끝에 패혈증으로 사망했고, 어머니인 마리아도 5.5Sv 피폭으로 같은 날 사망했다. 고물상 주인도 5Sv 피폭으로 사망했다. 세슘캡슐을 분해했던 청년 둘도 각각 10월 27일과 28일 사망하였다. 과피폭으로 죽은 사람들은 환경오염을 방지하기 위해 600kg짜리 납관을 사용해 마을 공동묘지에 묻었다.

그리고 방사능 오염원 제거작업은 2년 후인 1987년까지 계속되어서 200ℓ 용량의 드럼 3,800개와 금속컨테이너 1,400개 분량의 오염물질이 수거되었는데 시 교외에 아바디아 임시 방폐장을 만들어 보관하고 있다. 이처럼 방사성 세슘이 퍼져버리면 세슘 자체로도 엄청난 파괴력을 가진 대재앙이 될 수 있다.

치료를 위해 프러시안 블루를 내복시켰는데 세슘의 생물학적 반감기인 110일을 1/3 수준으로 감소시켜 효과 있는 방호약품으로 인정되었다.

참고
체렌코프 복사선

세슘-137은 베타선을 내면서 다음과 같이 방사 붕괴한다.

$$Cs\text{-}137 \xrightarrow[\beta^- \text{ 베타붕괴}]{} Ba\text{-}137m \xrightarrow[\gamma \text{ 감마붕괴}]{} Ba\text{-}137$$

즉, 세슘은 처음에 베타선을 내면서 Ba-137m 으로 붕괴하고[반감기 30년], 불안정한 Ba-137m은 곧이어 안정적인 Ba-137로 감마선을 내며 붕괴하는 것이다[반감기 156초]. 우리는 일반적으로 세슘-137을 반감기 30년의 감마선 방출핵종으로 알고 있는데, 사실은 이런 다단계 반응을 거친다. 베타선 속성은 전자가 방출되는 것인데, 처음에 베타선을 낼 때 이 전자들이 빛과 마찬가지로 공기나 물 같은 다른 매질을 통과할 때 굴절하면서 속도가 바뀐다. 어떤 매질에서는 전자가 빛보다 빠르게 운동할 때가 생긴다. 상대성이론에서 빛보다 빠른 물체는 없다는 정의가 있다. 그래서 이 빛보다 빠르게 움직이려는 잉여에너지를 빛으로 발산시키면서 빛보다 속도가 떨어지게 되는데, 이때 푸른빛을 방출하는 현상을 소련의 물리학자 체렌코프가 발견하여 체렌코프 광이라고 한다. 원자력발전소에 가면 사용후핵연료를 저장해놓은 큰 수조가 있는데, 안을 들여다보면 푸른빛이 난다. 이것이 바로 전자가 물을 통과하면서 내는 체렌코프 광이다.

일본 JCO 핵연료 가공공장의 핵임계사고 [5.11 ～ 5.14]

　1999년 9월 30일 일본 도카이촌東海村의 핵연료 가공공장JCO 에서 일어난 4등급 핵 임계 사고이다. 이 공장에서는 통상 우라늄-235 농축도가 4% 수준인 경수로 핵연료를 제조하였다. 문제는 고속증식실험로 조요常陽에 사용할 농축도 18%인 핵연료를 제조하면서 작업자들이 농축도 차이의 의미를 몰랐던 데서 출발하였다. 질산우라늄을 제조하면서 규정량 이상의 우라늄을 용기에 집중시켜 핵분열이 일어났다. 이 작업은 이산화우라늄 분말을 질산에 녹여서 잘 섞은 다음 조금씩 침전조에 넣게 되어 있었다. 하지만 이 작업을 하던 3명은 쉽게 작업하기 위해 작업수칙을 무시하고 그냥 침전조에 한꺼번에 부어 버렸다. 마침내 우라늄의 양이 16kg을 넘어가면서 핵분열반응이 시작되었다.

　작업자들은 방사선 과다노출로 쓰러졌고 이들을 구하기 위해

그림 5.9
사고 난 침전조 모습과 사고 후 복구 장면

출동한 소방관들도 방사능 사고임을 인지하지 못해 피폭되었다. 사고 발생 한 시간 후 임계사고로 보고가 되었으나 4시간 30분이 지난 후에야 주변 거주민들의 대피가 시작되었다. 연쇄반응을 멈추게 하려면 침전조의 냉각수를 빼내고 중성자의 감속을 막아야 했지만 방사선이 강해 방호복을 입고도 몇 분밖에 일할 수 없었다. 마침내 해머로 파이프를 부수고 침전조에 가스를 주입하여 냉각수를 빼내고 붕산수를 주입하여 연쇄반응을 멎게 하였다. 이 사고로 2명의 인부가 사망했고 수십 명의 피폭자가 발생했다. 공장은 폐쇄되었고 회사도 문을 닫았다. 핵 임계사고 때 현장에서 가장 많이 방사선에 노출되어 사망한 시노하라는 사고 당시 10Sv 정도 피폭을 당했고, 피폭 직후 임파구와 백혈구가 현저히 줄어 도쿄대 병원에서 조혈세포 이식수술을 받고 일시 회복세를 보였으나 2월 20일부터 소화관에서 피가 나오는 등 증세가 악화됐다. 7개월간의 투병 끝에 결국 폐 등 여러 장기의 기능악화로 숨졌다. 오우치는 임계반응 시 고선량 중성자파에 약 10~18Sv 피폭을 당했다. 이 순간 DNA가 모두 파괴되어 몸의 재생능력을 잃어버려 더 이상의 세포분열은 일어나지 않았다. 최첨단 의학을 동원하여 83일간 치료하였으나 12월 21일 숨졌다. 그 외 긴급 출동한 구급대원 세 명이 30mSv, 임계종식처리 작업자들이 120mSv, 공장직원들과 인근 주민 중에도 1mSv의 피폭량이 넘은 사람이 112명으로 추산되었다. 제2장 표 2.4를 보면 거의 전 세계 공통으로 작업자의 연간 선량한도는 50mSv이고 일반인은 1mSv이다.

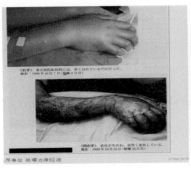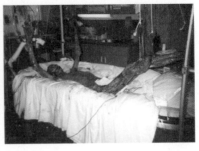

그림 5.10
사고 7일 후 피부가 부풀고 25일 후 피부괴사가 진행된 모습(왼쪽). 사망직전 앙상한 모습(오른쪽)

미국 핵폭탄 실험과 핵무기 운반 사고 [5.11]

제2차 세계대전 말기와 1950년대에 미국은 텍사스주 사막 일대에서 10여 년간 원폭실험을 100여 차례 하였다. 이 당시에는 방사능 피폭에 대한 개념이 미약했기 때문에 피폭에 대한 자료도 잘 정리되지 않았고, 단지 피폭당한 군인, 오염된 토양과 농작물에 의한 피해 등이 간헐적으로 알려졌을 뿐이다. 1994년 사진작가인 캐롤 갤러거Carole Gallagher가 피폭자들을 찾아 다니며 광범위하게 취재한 결과를 책으로 출간하면서 미국사회에 큰 충격을 안겨주었다 [5.18]. 그중에 가장 유명한 것이 영화배우 존 웨인으로, 텍사스 사막에서 서부영화 촬영을 많이 하였는데 결국 암으로 세상을 떠났고, 영화 스텝들도 암으로 죽은 사람들이 많다. 방사능에 오염된 사막지대에서 촬영한 결과로 의심하고 있다. 이에 대한 자세한 이야기는 히로세 다카시가 쓴 『누가 존 웨인을 죽였는가』에 잘 나와 있다. 네바다 사막을 배경으로 찍은 영화

원자력과 방사성폐기물

중 대표적인 것이 '정복자$^{The\ conqueror}$'인데, 이 영화 제작에 참여했던 220명 중 91명에게서 암이 발생했다. 마치 이집트 투탕카멘왕의 피라미드를 발굴한 사람 중 많은 수가 조기 사망했듯이 말이다.

그림 5 .11

영화 정복자의 선전 포스터, 기병들이 불을 지르고 말을 달리는 장면이 눈에 띈다(왼쪽). '정복자' 영화 속 한 장면, 칭기즈칸 역 존 웨인이 볼테 공주 역 수잔 헤이워드에게 사랑의 밀담을 하는 장면. 공주의상이 도저히 몽골풍 같지 않다. 병졸들은 몽골족의 후예인 미국원주민들, 남녀 주인공은 백인이어서 숨어있는 인종차별이 느껴진다(오른쪽).

연도별로 살펴보자. 1954년 네바다주 핵폭탄 실험장소에서 200km 떨어진 유타주 사막지대에 영화 '정복자' 촬영진들이 모여들었다. '정복자'는 칭기즈칸의 일대기를 그린 영화로 존 웨인이 테무진으로, 수잔 헤이워드가 타타르족 공주 볼테 역을 맡았다. 영화는 3개월간 촬영했다. 몽골병 기병들은 모두 인근에 사는 원주민 인디언 부족을 기용했다. 기병들이 달리는 장면에선 지독한 흙먼지들이 날렸고 실감을 내기 위해 씻지도 않았는데, 온통 방사능에 오염된 불순물을 뒤집어쓰고 마신 꼴이 된 것이다. 그들은 영화 촬영 후에 거의 전멸수준으로 죽어갔다고 한다.

1963년에 감독 딕 파우엘이 폐암과 임파선암으로 죽었고, 배우 페드로 알멘다리스가 신장암으로 투병 중 임파선암이 추가 발견되어 3개월 시한부 선고를 받고 자살. 예술감독 캐럴 크락은 전립선암에 걸렸으며 분장담당 웹 오보렌더는 폐암으로 수술했다. 1964년에는 존 웨인이 폐암 절제 수술을 두 차례 하였다. 1965년에는 여배우 진 가슨이 피부암 진단을 받았고 후에 유방암이 추가되어 유방 절제술을 받았다. 1968년에는 존 웨인의 아들로 정복자에 단역 출연한 패트릭 웨인이 흉부종양 수술을 하였다. 동행했던 다른 아들 마이클 웨인도 나중에 피부암에 걸렸다. 1974년에는 여배우 아그네스 무어헤드가 자궁암으로 사망했다. 1975년 한국에 징기스칸이란 제목으로 이 영화가 상영되었을 때, 주연 여배우 수잔 헤이워드는 피부암, 유방암, 자궁암, 뇌종양으로 10년간 투병생활하다 사망했다. 1979년 주연 배우 존 웨인이 위암수술 후 장암으로 사망하였고, 그 후에도 비극은 계속되었다. 네바다사막에서 행한 원폭실험에 동원된 군인들을 원자탄군atomic soldier 라고 부르는데, 총 25만 명 중 백혈병 발병률이 일반인에 비해 338% 높았다. 세인트조지 마을에 살았던 애미 토머스 부인은 이웃집 주민들이 원인 모를 질병에 걸려 하나씩 죽어 나가자 이를 지도로 만들어 세상에 알렸고, 많은 사람이 관심을 가지게 된 계기가 되었다. 학계에서도 본격적인 조사가 진행되어, 조셉 라이언Joseph Lian이 1979년에 발표한 논문에 의

원자력과 방사성폐기물

하면 1950년대에 유타주에서 소아암 발병률이 300% 증가하였다. 1961년 이후에는 지상에서 지하핵실험으로 바꾸었는데, 이는 지하수 오염을 불러와 또 다른 환경문제를 야기하였다. 유타 주를 중심으로 원폭실험으로 남한의 10배 면적인 900,000 km^{2}가 오염되었고, 플루토늄 5톤이 방사능 낙진으로 떨어졌을 것으로 추정하였다 [5.18].이후로 미국은 원폭실험을 미국본토가 아닌 남태평양 섬에서 진행하였다. 1953년 한국전쟁이 끝난 후 미국 원조 농산물이 많이 제공되었는데, 생산지를 추적해 보고 싶은 마음이 간절히 일어난다.

그림 5.12
나바호족의 성지인 모뉴먼트 밸리 전경. 2014년 미국 서부 탐사 길에 들렀더니 존 웨인이 서부영화를 많이 촬영한 캠프지점에 그를 기념한 사진 촬영 구역을 만들어 놓았다.

여기서 또 하나 짚어보고 싶은 것이 네바다 사막 일대에 살고 있는 나바호족, 호피족 등 미국 원주민들이다. 원래 이 지역에 살던 원주민들과 동부에서 강제 이주당한 부족들이 여기에 살고 있다. 이들에 대해서는 누구도 관심이 없고 역학조사 결과도 본 적이 없다. 아마 많은 피해를 당했을 것이다. 유럽에서 미국으로 이주한 사람들은 이들을 같은 사회 생활권에 편입시키길 원치 않는다. 그래서 인디언보호구역을 설정해 여기에서 살게 하고 생활보조금을 준다. 주마다 조금씩 차이가 있지만, 이들이 직장을 갖고 사회에 편입하면 보조금을 끊어버린다. 그러니, 점점 편한 생활에 젖어 보조금으로 술과 마약에 쩔어 평생을 살게 된다. 슬픈 현실이고 그들 스스로의 각성이 필요하다. 또 하나, 용어 문제다. 그들은 아메리칸 인디언이 아니다. 1492년 콜럼버스가 미국에 상륙한 이래로 미국이 인도인 줄 착각하고 그들을 인디언이라고 부른 건 이해할만하지만, 인도가 다른 곳에 있다는 걸 온 천하가 다 아는 지금도 그들을 인디언이라고 부르는 건 난센스 아닌가. 미국에는 인도에서 이주한 아메리칸 인디언이 미국 원주민 수보다 많다. 인도 이민자들이 진정 미국 인디언이다. 처음에는 관습에 젖어 알면서도 그냥 그렇게 부르는 걸로 생각했었는데, 미국 인디언박물관에서 백인 해설가의 역사해설을 들으며 숨겨진 진실을 깨닫게 되었다. 유럽 이민자들은 그들을 원주민으로 인정하지 않는다. 인디언 부족들은 극히 일부 지역에 모여 살았고, 광활한 아메리카 대륙을 개척하고 인간사회를 건설한 건 바로 유럽 이주민이라는 사고다. 미국 원주민의 불행한 역사는 지금도 진행형이다.

체로키족 후예인 포리스트 카터가 지은 『내 영혼이 따뜻했던 날들』원제, the education of little tree에서 한 구절을 인용하면서 그들의 건강한 역사와 문화회복을 염원한다. "어느 날 무장한 정부군이 들어와 서류를 내보이며 서명하라고 강요했다. 백인 개척민들에게 체로키족의 땅을 내어주고 서부로 이주하라는 내용이었다. 마을에 체로키족을 다 잡아 놓은 다음 마차와 노새를 가져와 타고 가라고 했다. 하지만 그들은 마차를 타지 않았다. 덕분에 체로키들은 무언가 지킬 수 있었다. 그것은 입을 것도 먹을 것도 아니었지만 그것을 지키기 위해 그들은 마차를 타지 않고 걸어갔다. 정부군 병사들은 체로키들의 앞과 뒤 양 옆에서 말을 타고 갔다. 체로키 남자들은 똑바로 앞만 보고 걸었다. 땅을 내려다보지도 병사들을 쳐다보지도 않았다. 긴 행렬 뒤쪽에는 텅 빈 마차들이 덜거덕거리며 따라왔다. 처음에 백인들은 빈 마차들을 두고 걸어가는 체로키들을 멍청하다고 비웃었다. 고난의 행군이 계속됨에 따라 노인, 병약자, 어린이들이 죽어 나가기 시작했다. 죽은 가족들을 안고 가는 행렬을 보고 구경하던 사람 중 일부는 울음을 터뜨렸다. 사람들은 이 행렬을 눈물의 여로라고 불렀다. 하지만 체로키들은 울지 않았다. 체로키들은 그들이 내준 마차에 타지 않은 것처럼 울지도 않았다. 땅도 집도 모두 빼앗겼지만 체로키들은 마차가 자신들의 영혼을 빼앗아가도록 내버려 두지 않았다."

핵무기 관련사고

핵무기를 운반하던 중 사고가 일어나 방사선 피폭을 일으키고 주변을 오염시킨 일도 있다. 1960년 캘리포니아주 페어필드-수즌 공군기지에서 B-29 폭격기가 핵무기를 싣고 이륙하려는 순간, 랜딩기어 파손으로 그만 비행기가 화재에 휩싸여 폭발하는 지경에 이르렀다. 소방대원들이 화재진압을 위해 접근해 소화제를 뿜어댔지만 비행기 안에 보관했던 핵무기 4.5t이 전소되면서 핵폭발하였다. 현장에 작업하던 소방대원 19명 전원이 사망하였고, 20m 크기 폭발 웅덩이가 생기고, 48km에 걸쳐 방사능 낙진이 떨어졌다.

미국 본토 외에서도 핵무기 관련 사고가 있었는데, 1968년 그린란드 툴 공군기지 근처에서 미군 소속으로 핵무기를 탑재한 B-29 폭격기가 운행 중 화재가 발생해 추락하기에 이르렀다. 비행기는 바다의 빙산에 부딪혀 산산조각이 나면서 화재 및 폭발로 전소되었다. 폭발한 핵무기에서 나온 방사성물질은 다행히 대부분 주위의 눈 속에 얼어 고정되었고, 사고 후 오염된 얼음과 눈들을 모두 미국 본토로 회수되어 땅속에 매립하였다.

핵무장이라면 미국과 쌍벽을 이루는 소련도 핵무기 사고가 있었다. 1968년 대서양에서 작전 중이던 소련의 핵잠수함 스콜피온호가 기관고장으로 운항 중 침몰되었다. 이 잠수함은 핵 어뢰를 탑재하고 있었다. 사고 5개월 후 3km 깊이 해양 심층에 침몰한 잠수함을 발견하였는데, 인양은 하지 못했고, 방사성물질

원자력과 방사성폐기물

이 다량 노출되어 해양생태계를 오염시켰다는 것만 확인했다. 1989년에는 소련의 핵잠수함 홈스몰호가 북대서양 해저를 운행하다가 화재가 발생해 이를 제어하지 못하고 노르웨이 해안 480km 지점에서 선원 42명과 함께 1,700m 깊이 바닷속으로 침몰하였다. 러시아 해군은 이 사실을 공표하지 않고 비밀을 유지했고, 뒤늦게 이 사실을 안 노르웨이 정부도 자국산 수산물 수출에 타격을 우려해 침묵을 지켰다. 3년이 지나 방사능 오염의 위험이 점점 크게 다가오자 러시아 해군은 옐친 대통령에게 보고하고 국제적인 조사를 시작하였다. 침몰한 잠수함 선체는 상당히 녹슬어 있었고, 선체 옆으로 큰 틈이 생겨 바닷물이 선체로 들어가 원자로까지 잠겼으며 핵연료가 들어있는 원자로도 녹슬어 방사성핵종들이 녹아 나오고 있었다. 잠수함 머리 부분에 있는 핵 어뢰 발사 포문도 녹슬어 열려 있었고, 핵폭탄은 표피가 벗겨져 방사성핵종들이 녹아 나오고 있었다. 이 잠수함이 그대로 방치된다면 핵 어뢰 내부의 플루토늄이 녹아 나오기 시작하면서 해양 생태계와 인근 어족 자원을 수천 년간 오염시킬 것이 예상되었다. 20세기 중반까지만 해도 심해 바닷속에 방사성물질을 폐기하면 엄청난 바닷물의 희석능력과 함께 육지 인간생태계와 격리되기 때문에 안전하다고 믿었지만, 먹이사슬을 통해 결국 인간생태계로 되돌아옴을 알게 되었다.

5.5

원자력 사고의 교훈

     이전에 많은 원자력 안전성 평가 전문가들은 원자력발전이 비행기 운항보다 훨씬 안전하다는 원자력 안전시스템에 대한 자부심이 대단했다. 원자력발전소 설계도면을 들여다보면 머리가 어지러울 정도로 복잡한 시스템으로 꽉 차 있다. 그만큼 온갖 과학기술력을 총동원해 다중의 안전 시스템을 구축하고, 갖가지 사고 시나리오를 구상해 이에 대한 대비책을 강구해 놓았던 것이다. 그런데, 가장 큰 7등급 사고가 불행히도 우리 시대에 두 번이나 발생하고 말았다. 통계적으로는 아직까지 원자력발전이 비행기 탑승보다 더 안전하게 나올 것이고, 대형병원 응급실에는 교통사고 희생자들이 매일 속출하고 있을 것이다. 어쨌든 이제 원자력 안전신화는 깨어졌고, 원자력에 대한 두려움을 느끼는 대중도 폭발적으로 증가했다. 체르노빌 사고 후 유럽사회가 그랬고, 유럽의 많은 나라가 탈핵을 선언하였다. 후쿠시마 사고 후에는 일본, 한국에서 민감한 생존의 이슈가 되었다. 일상생활에선 수입 해산물, 농수산물에 대한 근심이 매일 시장에서 발현된다.

　이 상황에서 우리가 해야 할 일은 무엇일까? 일차적으로는 사고를 분석해 보고 교훈을 얻는 일일 것이다. 다음 단계는 이 교훈을 바탕으로 우리가 할 일들, 국가가 할 일을 그려 보는 작업이 될 것이다. 여기서는 많은 대비책을 세웠음에도 불구하고 사고가 일어나게 된 요인을 정리해 보자.

　체르노빌 사고를 보면, 소련에서는 기술적으로 원자력발전과 핵 임계 폭발을 억제할 시스템을 갖추었다고 자신했지만, 인간의 운전조작 미숙으로 사고가 나고 말았다. 소련의 원자로형은 흑연감속로로서 미국에서 개발한 경수로와는 차이점이 있다. 만약 핵폭발이 일어나더라도 방사성물질을 가둘 수 있는 콘크리트 돔이 없다는 점이다. 즉, 첨단 기술력 미비와 인간에 의한 조작 실수를 보완할 시스템을 갖추지 못했다는 점이다. 다음으로 후쿠시마 사고는 나름 완벽한 대비책을 세웠다고 했지만, 설계상 최고 강도를 넘는 지진과 쓰나미로 인해 해일이 들이닥치자 방파제의 높이를 쉽게 뛰어넘어 발전소를 덮쳤다. 정전에 대비해 비상 발전기를 다수 배치했지만 이 모두가 한꺼번에 물에 잠길 것은 전혀 예상하지 못했다. 즉, 인간의 상상력을 뛰어넘어 일어난 사고였다.

　브라질과 일본 JCO에서 일어난 사고는 둘 다 작업자와 방사성물질을 접한 사람들이 원자력에 대한 기초지식이 너무 부족하고 교육이 부족했기 때문에 일어났다. 작업자에 대한 교육은 말할 필요도 없고, 일반인에게도 원자력에 대한 기초지식을 보급할 필요가 있다. 더구나, 방사선은 오감으로 감지가 되지 않으므로, 더더욱 교육이 필요하고 통제가 필요하다. 특히, 고이아니아 사고의 경우, 방사성물질에 대한 제도적 통제가 너무 없었다. 국가기관에 의한 철저한 제도적 통제뿐만이 아니라, 물리적 통제로 비인가자가 고방사능 물질에 접근할 경우, 경보나 위험표시 등으로 위험을 감지할 수 있어야 할 것이다. 물론 이 사건은 1985년의 일이고, 이 사건 이후로 많은 나라와 국제조직에서 제도와 조직을 정비해 이제는 이런 일들이 다시는 일어나기 힘들지만 강조하고 또 강조해야 할 항목이다.

군에서 핵물질을 다루다 일어난 사고는 안전보다는 군 작전수행과 명령체계가 더 중요하게 작동했기 때문에 일어난 것으로 보인다. 군에서도 범법을 관장하는 헌병대처럼 안전을 담당하는 별도 조직이 필요해 보인다.

원자력 사고를 통한 교훈을 다시 한번 정리하면 어떻게 될까? 탈핵이 가장 단순명쾌한 해결책이라고 할 수도 있겠지만 현실은 그리 간단치 않다. 현재 가장 많은 인명을 살상하는 자동차 문명을 포기하지 못하는 것과 같다. 과학기술계에서는 더욱 보강된 안전요건을 적용한 시설개선과 운영체계를 만들어 나가는 것이 과제다. 문명의 이기는 이런 희생과 시행착오를 겪으며 발전해 왔다. 정부와 관련 기관은 엄격한 관리제도와 법체계를 수립해야 하고, 원자력뿐만 아니라 다양한 사고와 천연재해에 대비

원자력과 방사성폐기물

한 국가비상방재기구 운영도 필요하다. 제3자에 의한 감리감찰도 필요하다. 또한, 학교 교육이나 언론을 통해 일반 국민에게도 원자력에 대한 기본지식을 습득하게 해야 할 것이다.

휴게실 방담5.3 : 나의 실험실 사고

　본인도 방사성물질을 다루는 실험을 하기에 안전에 각별한 신경을 쓰는데도 불구하고 두 번의 사고를 겪었다. 물론, 원자력 사고 등급의 개념이 아니고 상식적인 수준에서 말하는 사건이었는데, 둘 다 전혀 예상치 못한 곳에서 터져 나왔다. 본인의 실험실은 방사성물질 실험실과 분석실로 이뤄져 있었다. 방사성물질로 실험하고 실험시료를 옆방 분석실로 가져와 방사선 세기를 분석하고 다시 시료를 실험실로 가져가는 방식이다. 실험실은 새로 지은 건물 한 공간을 차지하고 있었다. 장마철이었는데, 아침에 출근해 보니 분석실이 온통 물바다가 되어있었다. 잘못된 건물공사로 위층에서 누수가 일어나 비싼 분석기기가 물에 젖어다 망가졌고, 실험실 바닥으로도 물이 조금 들어갔는데, 다행히 문이 닫혀 있어 틈이 적고 복도 계단으로 물이 빠지고 있어서 방사능 실험실이 물에 잠기는 골치 아픈 사고는 면할 수 있었다.

　두 번째 사고는 실험실 옆에 실험준비실이 있었는데, 여기서 일반 시약 제조도 하고 데이터 정리도 하는 공간으로 손을 씻기 위해 세면대도 갖춰져 있다. 연구소는 밤중에 청원경찰이 안전과 보안 점검을 목적으로 각 방을 순시한다. 어느 날 한밤중에 연구소에서 전화가 걸려왔다. 실험실에 누수가 되어 복도로 물이 새어 나오고 있다는 것이다. 방사성물질을 쓰는 실험장치에서 방사성용액이 누출되는 것 아니냐 한다. 부리나케 달려갔더니, 세면대 밑 연결관에서 물이 새는 거였다. 세면대 상수관에서 물이 샐 줄은 그 누가 상상이나 했겠는가. 자세히 살펴보니 튼튼하게 설치한 철관이 아니라 임시로 대강 설치한 느낌이 드는 비닐 튜브로 연결한 것이 계속된 압력으로 조금씩 삐져나오다 어느 순간 빠져버린 것이었다. 다행히 실험실과 준비실 사이는 턱이 있어 물이 스며들지 못했는데, 만약 물이 실험실로 스며들었다면 이 또한 힘든 일을 겪어야 할 처지였다.

필자가 겪은 두 사고의 공통점은 나름 안전에 신경을 썼음에도 불구하고 사고 위험에 처했던 것이었으며, 원인은 전혀 예상하지 못한 엉뚱한 요인이었다. 그래서 사고는 예상치 못한 곳에서 예상치 못한 방식으로 일어날 수 있으므로, 사고의 유연성을 가져야 하며, 제3자에 의한 이중점검을 제도화해야 한다. 더 나아가, 예상치 못한 사고를 좀 더 자세히 분석해 보면, 내재되어 있는 몇 가지 문제를 깨달을 수 있다. 첫째로, 각자가 자기 맡은 분야와 책무에서 충실했으면 문제가 생겨나지 않았을 거라는 점이다. 수도관을 설치하는 사람이 임시조치로 비닐튜브로 대강 설치하지 않고 내구성 있게 공사를 해야 했고, 건설회사가 연구동 건물을 제대로 지었으면 어떻게 장맛비에 대형 콘크리트 건물에서 누수로 실내가 엉망진창이 되어 버리겠는가? 이것은 개인의 책임감과 도덕의식의 문제뿐만 아니라 사회체제의 구조적인 문제다. 바로 한국자본주의 운영의 모순이 작동한 것이다. 1994년에 터진 성수대교 붕괴사건을 보라. 성수대교는 1977년 4월에 착공해 1979년 10월에 준공하였는데, 100년 이상을 운영해야 할 다리가 5년 만에 붕괴되어 버렸다는 것은 책임 불감증, 도덕 불감증에 천민자본주의가 결합한 결과이다. 대형 건설공사는 입찰조건을 엄격히 해서 대형 건설사만이 수주할 수 있다. 예를 들어보자. 만약, 공사비 100억으로 한 대형 건설업체가 수주했다면, 이 건설사는 총괄만 하고 소규모 건설업체들에게 하청을 준다. 하청공사비를 모두 합해 80억이면, 대형업체는 20억을 그냥 챙길 수 있다. 한 단계 더 나아가면, 하청건설사가 군소건설사에 재하청을 준다. 이번에 총액을 합하면 60억 원이다. 그러면, 이제 실제 시공사들은 설계도대로 공사하면 이익을 남길 수 없으므로 부실공사 유혹을 받게 된다. 교각에 철근 50개를 넣어야 하는데 30개만 넣는다. 콘크리트 타설을 하고 나면 아무도 내부를 알 수 없으니까. 이런 부조리를 방지하기 위해, 공사감리제도가 있다. 공사감리는 제3의 건설사와 관련 공무원이 담당한다. 그런데, 이들도 부패 비리조직에 포섭되면 부실공사가 순조롭게 진행된다. 이제 비극의 발생은 때를 기다리다 어느 순간에 터져 나와 다리 상부 트러스 48m가 붕괴해 아래로 떨어지고 등교하던 학생과 출근하던 시민들이 비극을 당하게 된다.

제도개선도 이뤄져야 하고, 책임자 엄벌도 이뤄져야 조금씩 개선되겠지만, 정치권의 혁신도 필요하다. 재벌들의 비자금은 대부분 건설사에서 나오고, 이 비자금은 정치권에 뇌물로 들어가

원자력과 방사성폐기물

부정 청탁에 사용되는 고착화된 틀이 이런 자본주의 모순을 확대·재생산해낸다. 원자력계에 고착화된 부정적인 인맥구조를 언론에서는 원자력 마피아 집단이라고 칭했다. 원자력계뿐만 아니라 다방면에 틀어박힌 이런 공고해진 부정의 틀을 어떻게 무력화시키고 건전한 제도를 정착시킬 수 있을까? 나는 이익관계 집단과 관계없는 제3자가 규제, 관리, 감독, 감리, 심사 등의 작업에 제도적으로 참여함으로써 상당 부분 해소할 수 있다고 본다. 미국에서는 재판에 일반인으로 구성된 배심원들이 상식적인 가치관으로 판단한다. 그럼으로써, 법조계 마피아들의 전횡을 막고, 유전무죄 무전유죄의 제도적 부패를 상당 부분 해소한다. 유럽에서는 기업 이사회에 노조 대표가 참여하여 기업소유자에 의한 비정상적인 기업경영을 막아낸다. 그러므로 원자력계를 필두로 사회 각 분야에 이익관계가 없는 사람들이 참여하는 제도적 장치를 만들어 각 분야 마피아들이 전횡적 권력을 휘두르지 못하게 견제하는 역할을 함으로써 안전성을 강화할 수 있다고 본다.

6

방사성폐기물
처분

6.1
처분개념

처분개념

사람은 죽어 땅속 무덤에 묻히고, 생활폐기물은 지표매립장에 묻는다. 마찬가지로 방사성폐기물도 땅속에 묻어야 한다. 이것을 처분處分. disposal이라고 하고, 묻는 곳을 법률용어로 "처분시설"이라고 하며, 일반적 용어로 처분장이라고 한다. 그런데 방폐물은 일반폐기물들과는 다르게 취급해야 한다. 땅속에 묻어도 여전히 방사선을 뿜어내기 때문에 살아있는 것과 같다. 그래서 꼼짝 못하게 얽어매어 땅속에 집어넣고도 방사선이 사라질 때까지 잘 감시해야 하니 무덤이 아니라 지하 감옥인 셈이다. 방사성물질이 못 빠져나오게 설치해야 할 처분시설은 크게 두 가지 방어 시스템을 갖고 있다. 하나는 적합한 지질 조건을 가진 부지다. 이 부지의 방어능력을 천연 방벽 성능이라 하며 처분장 부지 선정에서 중요한 요소다. 다음에는 이 부지에 다양한 방벽시설들을 설치하는데, 이들을 인공 방벽, 또는 공학적 방벽이라 하며,

원자력과 방사성폐기물

폐기물 고화체, 처분용기, 완충재, 뒷채움재 등 인공적인 처분시설이다.

이제 처분장에 폐기물을 적재하고 처분장을 폐쇄하고 나면 어떤 일이 생기는지 간략히 살펴보자. 시간이 가면서 지하수가 서서히 암반층을 지나 뒷채움재, 완충재에 스며든다. 이제 금속처분용기와 마주하는데, 지하수가 이 용기를 뚫는 것은 힘든 과정이다. 주로 부식작용으로 용기에 구멍을 내고 내부 고화체로 침투한다. 고화체에서 핵종을 녹여내야 하는데, 이것도 많은 시간이 걸린다. 마침내 녹은 핵종들을 싣고 역과정으로 인공방벽을 빠져나와 암반층에 도달한 다음 본격적으로 생태계로 이동하게 된다. 이제 생태계에 도달한 방사성핵종이 미치는 영향이 2장에서 다룬 허용준위 이상이면 안전성 확보를 실패한 것이고, 그 미만이면 처분장 성능이 확보된 것이다. 이제 처분 시설물들이 어떤 성능을 가져야 할지 하나씩 알아보자.

우리가 흥미진진하게 보는 영화 중에는 탈옥에 관한 이야기가 많다. 그런데, 우리는 반대로 방사성폐기물이 감옥에서 빠져나오지 못하도록 온갖 조치를 강구해야 한다. 탈옥 영화 몇 편을 회상해 보면서 방사성폐기물을 어떻게 잘 붙잡아놓을 수 있을지 생각해 보자. 영화 '쿵푸팬더'를 보면, 용의 전사로 키워지던 흉포한 타이렁은 난동을 피우다가 우그웨이에게 붙잡혀 지하 초곰감옥에 갇힌다. 그런데, 20년 후 타이렁이 이 지하 감옥을 탈옥하면서 이야기가 절정을 맞는다. 20년이 지나 묶어놓은 쇠사슬이 녹슬어 강도가 많이 약해진 게 화근이었다. 이처럼 위험한 물건이나 적을 지하 깊은 감방에 장시간 잘 가두어 두려면 그 시설의 내구성도 고려해야 하며, 초기 성능만 믿고 시간에 따른 성능 저하를 무시하다가는 이처럼 당한다. 에드몽 당테스도 탈옥이 불가능해 보였던 감옥을 14년 동안 조금씩 굴을 파서 탈옥해 몬테크리스토 백작으로 나타났다. 무른 석회석 벽돌을 사용한 게 문제였다. 화강암 강도 수준의 벽돌을 사용해야 했다. 강원도나 충북지역 석회암 지대에 동굴이 많은 건 바로 이들이 물에 잘 녹아내려 형성된 것이다. 그러므로 방사성폐기물 처분장도 석회암 같은 무른 암반지역을 피해서 건설해야 한다. 비교적 만만한 중저준위폐기물은 지상시설이나 지하 100m 수준 동굴에 집어넣고 길게는 300년 정도 감시한다. 보통 100년 정도면 힘이 다 빠져 풀어줘도 빌빌거리며 별 힘도 못 쓰게 된다. 즉, 방사성물질의 특징인 반감기 때문에 방사능량이 시간이 감에 따라 줄어든다. 문제는 고준위폐기물인 사용후핵연료인데, 훨씬 더 위험하기 때문에 더 깊은 500m 심부 지하 감방에 가둔다. 우리가 살아생전에는 다시 볼 일이 없다고 할 수 있음에도, 워낙 생명력이 길기 때문에 혹시 만 년이나 십만 년 후에 기어 나와 우리 후손을 괴롭힐까 걱정하게 된다. 영화 '파피용'을 보면 주인공이 감옥 시스템상 허점을 파악하고 숱한 시도 끝에 늙어서 마침내 탈옥에 성공하는데, 만약 이제 살날이 얼마 남지 않아 지상에 나오자마자 죽어버려 다시 땅속 무덤으로 영원히 들어가 버린다면 그 감옥시스템은 그런대로 성공한 것이리라.

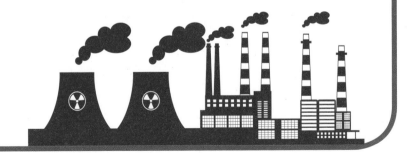

그림 6.1

방사성폐기물을 처분하기 위한 다양한 제안들. 로켓에 실어 우주에 보내기, 극지방 얼음 속에 넣기, 깊은 바닷속에 넣기 등

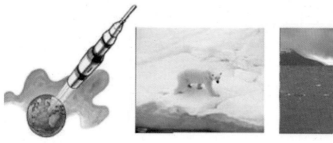

해양투기

　방사성폐기물을 땅속 감방에 가두는 것이 가장 합리적이고 현실적인 방법이지만, 다른 더 좋은 방안이 있을지 찾아보자. 로켓에 태워 우주로 날려버리면 어떨까? 우선, 굉장히 비싼 처분방법이 될 거고, 과학기술이 발전함에 따라 우주를 다양하게 이용하게 될 텐데 우주가 쓰레기장으로 변해 점점 문제를 야기할 수 있다. 당장 지금 하늘에는 수천 개의 인공위성이 떠 있는데, 이들과 충돌 가능성도 무시할 수 없다. 또한, 발사실패로 지상에 낙하하는 경우, 주변 오염이 큰 문제가 된다. 북극이나 남극 얼음 속에 넣으면 어떨까? 빙하표면에 놓더라도 사용후핵연료는 발열해서 서서히 얼음을 녹여 얼음 아래 대지에 도달할 것이다. 빙하는 고체로 물의 이동이 없을 것이므로 안전할 것으로 예상할 수 있으나, 핵연료주변의 계속적인 해빙, 극지방까지 운반의 어려움 등으로 실행되지 않았다.

　다음으로 깊은 바닷속에 넣으면 어떨까? 실제 1950년대에 영국,

원자력과 방사성폐기물

벨기에, 미국 등 몇 나라에서 해양투기를 실시했다. 그중 우리에게 가장 우려되는 것으로는 구소련 시절부터 해온 러시아의 해양투기가 있다. 러시아는 북한 인접 동해안과 오호츠크 해 일대에서 방사성폐기물을 투기하고 노후 핵잠수함을 폐기하였다. 1961년부터 따져 그 양이 액체 155,000톤, 고체도 많을 때는 연 2,000톤 규모였다. 바닷물의 엄청난 희석효과 때문에 해양투기 초기에는 안전한 것으로 인식하였으나, 방사능에 오염된 바닷물고기가 심심찮게 잡히면서 위험을 국제적으로 인식하게 되었다. 1975년에 국제적으로 해양투기를 금지하는 런던협약이 발효되었고, 1994년에는 모든 방사성폐기물 해양투기를 금지하였다. 그러나 아직도 국제협약의 법적 강제력 미비로 인해 더 많은 각성이 필요하다.

옛날부터 사람들은 쓰레기를 쉽게 버리는 경향이 있다. 육지, 강, 바다 가리지 않는다. 그런데, 이 중 상당수는 바다로 모여든다. 육지에 버려도 지하수를 타고 강으로 모이고 강에서 바다로 간다. 그럼 이제 바다의 막대한 희석능력을 믿고 안심해도 될까? 이와 관련해 한국 고대소설 심청전을 주목할 필요가 있다. 심청은 아버지를 위해 공양미 삼백 석에 인당수로 몸을 던진다. 그러나 심청이 바닷물 속에 떨어져 죽으면서 모든 것이 최종적이고 비가역적으로 끝나버리지 않았다. 심청은 해저 세계를 경험한 다음, 지상계로 부활해 나타났다. 바닷속에 들어간 것은 다시 육지로 환생할 수 있다는 교훈이다. 방사성핵종은 바닷물에 녹고, 물고기가 이 물을 들이마셔 몸속에 축적되고, 사람이 물고기를 잡아 다시 지상계로 올라와 사람 몸에 들어갈 수 있는 것이다. 그러므로 방사성물질만이 아니라 독성물질을 환경에 함부로 버리면 곤란해질 수 있음을 알아야 한다. 이것이 심청이 인당수印堂水에 빠졌다는 이야기에 숨겨놓은 의미로 해석할 수 있다. 인당의 또 다른 의미는 사람의 미간 사이 경혈이다. 예로부터 이 자리는 제3의 눈으로 불리었다. 바로 미래를 내다보는 눈이다. 제3의 눈을 바로 뜨고 독성물질의 미래를 내다봐야 한다. 방사성폐기물만이 아니라, 모든 폐기물이 해당된다. 예로, 인간이 만들어내는 또 다른 폐기물 중 미세 플라스틱 입자가 일으키는 바다 오염이 심각한 문제로 대두되고 있다. 미세 플라스틱은 합성섬유, 타이어, 도료, 화장품, 치약 등에 쓰이는데, 매년 950만 톤 플라스틱 쓰레기 중 1/3이 이 미세 플라스틱으로 처음에는 생활 쓰레기로 인간생활권에서 출발해 강을 오염시키고, 다시 바다로 가서는 끝나는 게 아니라, 먹이사슬을 타고 인간 몸속으로 다시 침투해 문제를 일으키고 있다. 내 이익에 눈이 멀어 지구 환경과 인류의 미래를 내다보지 못하는 장님 신세를 던져버리고, 깨끗한 마음心淸으로 제3의 눈을 바짝 뜨고 자원과 쓰레기의 순환과정을 면밀히 검토해야 한다.

처분장 관리기간

방사성폐기물을 땅속에 묻어 버리면 모든 게 다 해결된 게 아니라, 다시 지상 생태계로 탈출해 나오는 것은 아닌지 감시해야 함을 언급했다. 그럼, 방사성폐기물을 얼마 동안 관리해야 할까? 어느 수준이 되어야 더 이상 관리하지 않아도 위험하지 않을까? 이런 위험도와 안전성을 체계적으로 평가하는 작업을 처분안전성평가라고 한다. 이에 대해서는 뒤에서 다시 다루기로 하고 여기서는 방사성폐기물 속에 함유된 방사선의 세기가 자연 상태로 떨어질 때까지 시간만을 생각해 보자. 자연 상태라는 것은 2장에서 설명한 우주에서 날아오는 방사선과 토양과 암석에 함유된 방사성물질에서 뿜어져 나오는 방사선을 합친 양이다. 토양과 암석에는 우라늄과 토륨이 주를 이루고 나머지는 그들이 붕괴할 때 생성되는 자손핵종이 들어있다. 우주 생성 시에 엄청난 방사선이 쏟아졌고, 지금도 태곳적 방사선량에는 비교할 수 없게 약하지만 방사선은 우주에 널려있다. 인간은 자연방사선과 같이 살아왔기 때문에 이것이 인간이 가지는 기본 생활환경조건이다. 그러므로 방사성폐기물 처분 후, 생태계에 미치는 방사성폐기물의 영향이 자연 상태 우라늄 방사능 수준 이하를 유지하면 안전한 것으로 설정한다.

그림6.2를 살펴보자. 가로/세로축 모두 10배수 로그[log] 단위이다. 로그 단위는 한 칸마다 10배씩 증가하는 척도다. 세로축에 방사성 독성비란, 자연 상태 우라늄의 독성을 1이라고 했을 때, 상대적인 독성비를 나타낸 것으로 방사선 세기에 비례하는 인

원자력과 방사성폐기물

그림 6.2
방사성폐기물의 시간에 따른 방사선 세기 및 독성비 변화

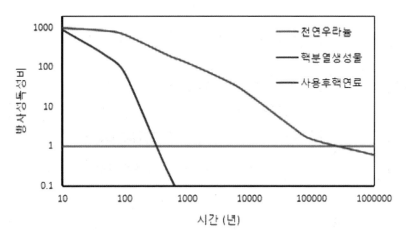

자이다. 바닥에서 한 칸 위로 녹색선이 일자로 그어진 것이 천연
우라늄의 방사성 독성비다. 천연우라늄은 우라늄-238이 주성
분으로 반감기가 45억 년$^{4.5×10^9}$으로 우주의 나이와 같다. 즉, 우
라늄은 우주 탄생 시의 양에서 현재까지 양이 반으로 줄었다는
뜻이다. 백만 년 수준에서는 우라늄의 방사능 감소가 미약하므
로 방사능 세기가 거의 일정하다. 방사능 감소가 미약하다는 것
은 방사선을 거의 방출하지 않아서 위험도가 아주 작다는 뜻이다.
그래서 그림에서 녹색의 천연우라늄보다 독성이 아래로 내려오
면 안전하다고 간주하게 된다. 파란선은 핵분열생성물 집합인
데, 중저준위 주 구성성분이다. 중저준위에 가장 많이 들어있는
것이 세슘$^{Cs-137}$과 스트론튬$^{Sr-90}$인데 반감기가 둘 다 약 30년이다.
300년이 지나면 이 두 핵종의 방사선 세기는 약 1,000분의 1로
떨어진다. 이보다 더 반감기가 짧은 핵종들은 거의 다 사라지고

없다. 반감기가 만 년이 넘는 장반감기핵종들은 방사선 세기가 원래보다 조금밖에 줄지 않았지만 처음부터 함유량이 워낙 적었으므로 무시할 수준이다. 그래서 중저준위 폐기물은 300년이 지나면 처분용기 내 방사선 세기가 대략 1,000분의 1 이하로 떨어지고, 천연우라늄보다 독성이 낮아진다. 3장 표 3.3 방사성폐기물 분류표에서 보듯이 더 이상 관리할 필요가 없는 자체처분 폐기물 수준에 접근한다. 그래서 중저준위폐기물은 관리 기간을 보통 300년으로 설정한다.

그런데, 문제는 고준위폐기물이다. 우리나라 고준위폐기물은 사용후핵연료밖에 없는데, 사용후핵연료에는 아메리슘, 플루토늄 등 반감기가 만 년 이상인 장반감기핵종들이 많아 관리기간을 인류의 역사만큼 길게 잡아야 할 만큼 초현실적이다. 그림에서 사용후핵연료의 독성을 나타내는 빨간 선의 변화를 좀 더 설명하면, 스트론튬$^{Sr-90}$과 세슘$^{Cs-137}$ 등 핵분열생성물들은 대부분 수백 년 후에는 사라져 버리고, 이후에는 악티늄 핵종이 대부분으로 플루토늄$^{Pu-239, 240, 241}$ 아메리슘$^{Am-241, 243}$, 퀴륨$^{Cm-244}$이 주를 이룬다. 10만 년 이후에는 악티늄 핵종의 자핵종이 대부분이다 $^{Th-230, Ra-226, Pb-210, Po-210, Ac-227, Th-229}$. 천연우라늄 농도 이하로 떨어지는 시기는 수십만 년에서 백만 년 사이에 해당하므로, 관리기간도 그만큼 길어야 한다. 그러므로 핵종의 처분장 내 방사선 세기만을 고려할 때, 고준위폐기물 처분장은 수십만 년 이상 관리해야 한다는 설정이 나온다. 백만 년이란 얼마만 한 시간일까?

그림 6.3을 살펴보자. 인간이 기록을 남긴 역사시대는 약 4,000년이고, 현생인류역사는 약 60만 년, 원시인류는 약 백만

년 전에 나타났다고 한다. 그럼 만 년 뒤에도 후손에게 여기에 고준위폐기물이 묻혀있다는 사실을 어떻게 전달할 수 있을까? 쉬울 것 같지만 만만치 않은 과제다. 몇십만 년 전 인류의 조상이 혹시 현대를 살아가는 우리 후손들에게 무언가 전하고 싶었던 것이 있었을까? 그들도 형이상학적인 생각을 했을까? 우주에 대해 얼마나 알고 있었을까? 우리로서는 알기 힘든 과제다. 단지 그들이 남긴 도구, 무덤양식 등을 통해서 조금씩 생활상을 유추해볼 뿐이다. 3,000년 이상 된 고대유적에서 나온 문자를 현대인이 해독할 수 있는가? 지난한 과정을 거쳐 겨우 일부만 해독했을 뿐이다. 그러므로 현대의 문자를 만 년 후에 해독할 수 있다는 보장이 되지 않는다. 그래서 상징과 그림으로 정보를 전달하는 것이 해독력을 더 높일 수 있겠지만, 그마저도 후손들이 동일한 의미로 받아들인다는 기대를 할 수 없다. 결론적으로 후손들에게 처분장에 대한 정보를 전달해 주지 못하더라도 후손들에게 피해가 가지 않는 방법으로 처분장을 건설·운영해야 할 책임이 생긴다. 그러므로 위험도가 증가할수록 좀 더 생태계와 격리하기 위해 땅속으로 더 깊이 들어가게 된다. 고준위폐기물처분에서 폐기물 용기 등 각 처분방벽들은 수만 년 이상을 견딜 수 있도록 설계하고 현대 공학적 기술들을 적용해 안전성을 확보하도록 해야 한다. 그러나 가장 큰 어려움은 미래에 대한 불확실성이다. 인간이 가정할 수 있는 모든 상상을 동원해 수만 년 동안 안전성을 유지해야 하기에 어려운 것이다.

여기에는 상반되는 견해들이 충돌한다. 낙관적 견해는 현재

그림 6.3
지구역사와 방사성폐기물 처분시스템 수명. 출처 : Chapman[6.15] 편집인용

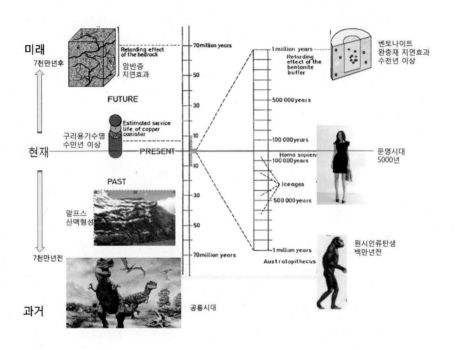

기술로 안전성을 확보한 시스템은 방사능이 감소하는 특성상 시간이 흐를수록 위험도 감소하며, 미래에는 과학기술도 계속 발달하니 문제가 생기더라도 충분히 해결 가능하다는 관점이다. 비관적 견해는 체르노빌이나 후쿠시마 사고에서 보듯이 사고는 인간의 상상을 초월해 불현듯 튀어나올 수 있다는 견해다. 우리가 상상할 수 있는 가장 극단적인 가정을 하나 해 보자. 사용후핵연료를 처분한 후 수천 년이 지난 어느 날 갑자기 초대형 지진이 일어나 땅이 갈라지고 지각변동으로 지반이 융기해 500m 아래 처분장이 지상으로 올라와 처분용기가 다 파괴되어 버린 경

원자력과 방사성폐기물

우를 생각해보자. 기술낙관주의자들은 수천 년 동안 과학기술이 지금보다 엄청나게 발달한 사회이므로, 지각변동징후를 이미 다 측정해 예측 가능할 것이고 이에 대한 대책도 그들에게는 어렵지 않은 과제란 의견이다. 비관주의자들은 방사성물질 오염으로 그 일대는 죽음의 땅이 되어 버릴 것이며, 알 수 없는 것에 낙관적인 기대를 하는 것은 후손들에게 죄를 짓는 행위라는 입장이다. 제3의 시각도 있다. 회의론자들이라 할까. 초대형 지진으로 땅이 갈라지고 지반이 융기할 사건이면 그 일대 인간 사회는 이미 다 파괴되고 땅속에 파묻혀 버리는 대형 참사라 방사성물질 오염은 관심거리도 되지 못한다는 견해다. 실제로 처분장을 설계하고 안전성을 연구하는 과학기술자들에게 주어진 과제는 그 어떤 경우라도 안전성이 보장되는 시스템을 만들어야 한다는 것이다. 자, 우리도 이 논쟁에 뛰어들기 위해 처분시스템에 대해 구체적으로 알아보자.

처분장 성능 목표

인간이 발생시킨 쓰레기들에 대해 사후 관리를 심각하게 고려하기 시작한 것은 20세기 중반 이후의 일이다. 공장 높은 굴뚝에서 나는 흰 연기는 산업화의 상징이었지만, 이제는 폐기물을 소각시킬 때, 다이옥신 같은 휘발성 독성물질들이 대기로 확산되는 것을 우려하기 시작했고, 하천에 마구 버리던 생활폐기물들을 이제는 분리수거하고 정화시스템을 거친다. 이전 시기에 마구 버렸던 폐기물 매립지에서 오염물이 토양투수층을 타고 생태계로 이동해 나오는 것이 확인되어 큰 소란을 겪기도 하였다. 산업화 이전 시대에는 쓰레기들은 다 자연 속으로 돌아가 재순환되었다. 산업화되고, 도시화가 가속되면서, 폐기물 발생량도 가속되어 자연 순환 능력을 넘어버리자, 생태계에 위험으로 다가오기 시작하였다. 이제는, 다양한 기술적 정비와 법적 규제들로 건강한 생활환경을 만들어나가는 데 많은 노력을 기울이고 있다. 이런 역사적인 교훈에 힘입어 방사성폐기물은 한층 높은 규제와 기술조건을 요구하고 있다. 이에 부합하기 위해 방사성폐기물 처분에는 네 가지 성능 목표를 설정하고 이에 부합하도록 한다. 그런데, 이 네 가지 성능 목표는 서로 독립적인 항이 아니라 서로 밀접하게 연계된 한 몸통의 다른 측면과 같다.

첫 번째는 폐기물의 방사능이 다 쇠할 때까지 지하에 가둬놓는 것contain이다. 폐기물을 시멘트나 유리 등으로 고체화시키고 밀폐용기에 넣는 것도 방사성 핵종을 못 움직이게 가두어 놓는 역할이다.

두 번째는 생태계와의 격리isolation다. 그래서 지상 생태계와는 멀리 떨어진 지하로 깊숙이 내려보낸다. 조선 시대에 정책에 반대하는 인사들을 한양에서 멀리 떨어진 외딴곳으로 귀양 보내던 것과 같은 기능이다.

세 번째는 이동방지용 차폐다. 지하수 유입을 차단하고 방사성 핵종이 유출되는 것을 차단하는 기능으로, 용기, 완충재 등 여러 가지 다중방벽을 도입한다. 감옥을 튼튼한 벽돌로 짓고, 쇠창살을 박는 등 허용된 공간 외에는 못 넘어가게 하는 기능과 같다.

네 번째는 이동지연retardation이다. 방사성 핵종이 모든 방벽을 뚫고 탈출에 성공했더라도, 지상 생태계로 이동해 오는 동안 다

원자력과 방사성폐기물

양한 매질과 만나 수착 등으로 이동이 지연되게 하는 것이다. 감옥 주변에 철조망과 늪지대가 있고, 맹수들이 산다면, 탈주범이 이곳을 통과하기가 무척 어려운 것과 같은 이치다.

처분장 성능 조건과 처분 심도

그 어떤 경우라도 처분 안전성이 보장되기 위해서는 어떻게 해야 할까? 우선 고려하는 것이 위험할수록 땅속 깊이 들어가는 것이다. 만약 위험시설을 지상에 건설하면, 아무리 기술적으로 완벽한 시스템을 구축하였더라도, 악의적으로, 또는 세월이 흐르면서 위험시설에 대한 정보가 상실되면서 후세 인간에 의해 파괴가 일어날 수 있다. 그러므로 방사선 세기에 비례해 인간 생태계와 격리된 지하 깊숙이 들어가는 것이다. 심부 지하는 생태계와 멀리 떨어졌다는 거리효과 외에도 다양한 장점이 있다. 지반이 지상보다 훨씬 안정적이어서 지진이 일어나도 변동이 적다. 또한, 지하수의 양도 적어진다. 처분 시스템을 파괴하고 방사성 핵종들을 지상으로 이동시키는 것은 모두 지하수의 활동이라 지하수가 적을수록 더 안전해진다. 더불어 심부 지하로 내려갈수록 산소가 희박해진다. 대략 지하 300m 이후로는 산소가 없는 환원조건이 형성되어 있다. 산소는 처분 용기를 부식시키고 방사성 핵종을 잘 용해시킨다. 산소가 없으면 악티늄핵종은 지하수에 용해되지 못하고 고체형태로 침전한다.

표 6.1과 그림 6.4에 방사능 세기에 따른 폐기물 처분깊이와

표 6.1
방사성폐기물 종류별 처분방식 및 특징

처분방식	대상	특징	시행국가
지상처분 천층처분	저준위 중준위	산업폐기물 처분방식과 유사. 지표나 약 30m 깊이에서 건설. 타 방식에 비해 상대적인 격리도가 낮음.	미국, 영국, 러시아, 프랑스, 스페인, 일본
동굴처분	저준위 중준위	산의 약 100m 깊이에 건설하거나 폐광활용. 초기비용은 크나 격리 및 방호효과 우수	독일, 핀란드, 스웨덴, 한국
심부처분	고준위	심부지하 500m 암반층에 처분 산소희박 환원조건, 지반안정 가장 대표적인 고준위 처분방식	스웨덴, 핀란드, 스위스, (한국)
초심도 처분	고준위	지하 1,000m 이상 깊이에 처분, 산소와 지하수 유동이 거의 없어 지반 안정. 생태계로 이동거리가 멀어 가장 안전, 시추기술 개발 중. 현재 연구진행 단계	(미국, 한국)

방식의 특성을 요약해 정리하였다. 반감기가 짧은 핵종들 위주거나 방사능 세기가 약한 저준위폐기물은 산업폐기물과 유사한 지상이나 지하 30m 깊이에 건설해 지상에 처분장이 노출되는 구조를 갖는다. 이를 보통 천층처분淺層處分, shallow land disposal이라 한다. 산업폐기물보다 격리효과를 더 높이기 위해, 보통 콘크리트로 밀폐방을 만들고 외부 전체를 점토층으로 밀폐하는 구조를 갖는다. 누군가가 이 시설을 파괴하더라도 환경에 미치는 효과가 미미하고,

원자력과 방사성폐기물

쉽게 복구가 가능하다.

여기서, 신라 왕릉의 구조를 한번 생각해 보자. 시기별로 차이가 나지만 대체로 땅을 파서 지하에 먼저 돌을 갈고 덧널을 설치한 다음, 그 주변과 위로 돌을 쌓고 다시 그 위에 점토봉분을

그림 6.4
방사성폐기물 종류별 처분 깊이

크게 입히고 잔디를 심었다. 이 높이가 보통 4m가 넘는다. 그래서 위에서 빗물은 거의 스며들지 못하게 하고, 일단 관 주변으로 들이찬 물은 빨리 아래로 빠지게 설계한 것이다.

그렇다면 빗물이 떨어져 고인이 잠든 얼굴을 적시려면 상당한 시일이 지나야 한다는 걸 알 수 있다. 1,500년 전 조상들이 이미 이렇게 훌륭한 공학적 개념을 가지고 왕릉을 건설하였다. 미국, 영국, 러시아 등에서 저준위폐기물 처분장은 지표층에 신라 왕릉과 비슷한 구조로 건설하였다. 한국에서도 처음에는 지하 암반층에 사일로 형태로 지었지만, 사일로는 세계에서 가장 비싼

처분장이라 방사선 세기가 강한 중준위급을 주로 처분하고, 저준위급은 다시 지표면에 천층처분 형태로 처분할 예정이다.

방사능량도 상당 수준 되고, 반감기도 상대적으로 긴 중준위 폐기물은 지하 100~200m 수준 깊이에서 동굴처분을 주로 한다. 광물자원을 캐내고 버려진 폐광을 활용하기도 한다. 주로 유럽 국가에서 활용했고, 한국에서는 경주 중저준위 처분장이 지하 동굴 사일로silo 형식이다.

고준위 방사성폐기물과 같이 만 년 이상 장기간 관리가 필요한 폐기물은 인간생태계와 완전 격리하기 위해 지하 500m 이상 심부에 처분하는 방안에 대해 세계적으로 합의가 되고 있다. 500m 이상 심부에서는 지하수 양도 적고 유속도 아주 느리며, 산소가 거의 없는 환경이라 핵종이 물에 잘 녹지도 않는다. 이런 자연조건을 활용할 뿐만 아니라, 핵종의 이동을 억제하는 다양한 공학적 방벽을 설치하여 안전성을 확보하도록 설계한다.

방사성핵종은 계속 방사능 붕괴를 하기 때문에 시간이 지남에 따라 독성이 줄어드는 특성이 있다. 그러므로 방사능이 완전 붕괴할 때까지 방사성핵종을 환경과 격리한다면 그 이후에는 더 관리할 필요가 없다. 반감기가 수년 이내로 짧은 핵종은 그 양이 아무리 많더라도 처분 관점에서는 중요하지 않으며, 일부 악티늄족처럼 반감기가 수만 년 이상에 달하는 핵종들이 주요 관심 대상이 된다.

원자력과 방사성폐기물

지하 1,000m 이상이며 최대 10km까지 고려하는 초심도 처분도 미국, 한국 등에서 가능성을 연구하고 있다. 지상 생태계와 멀어질수록 격리 효과가 좋아지지만 아직까지 시추기술이 부족하고, 심부 고압 상태에서 시추공에 발생할 수 있는 변형을 막을 기술 확보 등이 관건이다.

휴게실 방담 3.1에서 오행산에 갇힌 손오공을 500년 후 삼장법사가 풀어주고 제자로 삼아 온갖 고난을 헤쳐 마침내 법경을 구해 돌아오는 이야기를 했다. 이것은 산속에 처분했던 방사성폐기물을 500년 후 과학기술이 더 발전함에 따라 새로운 용도가 개척되어 다시 끄집어내 재활용하게 되는 것과 맥이 닿는다. 그래서 실제로 많은 나라에서 사용후핵연료를 심부지하에 영구 처분하는 것이 아니라, 기술개발로 필요할 때 다시 꺼내 쓸 수 있는 가역적 처분장 설계 개념을 잡는다.

국제 정치에서는 유명한 일화가 있다. 사용후핵연료 관리는 많은 나라에 큰 부담이었는데, 1970년대 초, 미국 대통령이었던 닉슨은 헨리 키신저를 내세워 중국과 데탕트 외교를 펼쳐나갔다. 한계에 다다른 미국 자본주의를 새로운 시장개척으로 뚫어 보려는 경제적 의도가 컸다. 이념적으로 소련과 중국 공산주의 세력을 극악한 패권세력으로 몰아붙이고 주적으로 수십 년 교육받은 미국과 한국의 대중들에게는 도저히 이해가 불가능한 천지개벽이었다. 핑퐁 외교를 비롯해 많은 교류와 제안이 오가는 가운데, 마오쩌둥이 제안한 내용 중 하나가 중국 고비 사막에 미국의 사용후핵연료를 처분해 주겠다는 제안이었다. 처음에 미국은 이에 대해 적극적으로 검토하고 수송 프로그램까지 짰으나, 중국이 이런 제안을 하는 이유가 폐기물 처리로 돈 벌겠다는 것보다 숨겨진 배경을 의심하기 시작하였다. 그래서, 최종적으로는 거절하였는데, 그 이유는 사용후핵연료가 바로 미래의 자원이 될 수 있다는 관점 때문이었다.

6.2
지하매질에서 핵종이동 모델

수착과 분배계수

방사성핵종이 지하수에 용해되어 점토나 암반층을 이동할 때, 이들 지하매질 표면에 달라붙는다. 흡착, 이온교환 등의 반응으로 핵종이 매질에 달라붙는 현상을 수착收着, sorption이라고 한다. 수착을 정량적으로 나타내기 위해, 평형상태에서 지하수와 매질 간에 핵종이 나뉘는 양을 나타내는 개념이 평형분배계수이다. 줄여서 분배계수Kd라고 한다. 이를 수식으로 나타내면,

$$K_d = \frac{q}{c} = \frac{\text{암반단위무게 당 수착한 양}}{\text{지하수에 용해되어 있는 양}}$$

분배계수 값이 크면 그만큼 지하매질에 달라붙는 양이 많으므로 이동지연 효과가 크고, 음이온은 지하매질에 거의 달라붙지 않으므로 분배계수 값은 0이다. 핵종별로 점토와 화강암에서의

원자력과 방사성폐기물

분배계수 값을 표 6.2에 정리하였다. 만약 값이 10이면 물속에 11개의 입자가 있었는데 10개는 암석에 붙잡히고, 1개만 물속에 남아있다는 뜻이다. 1,000이면 1,000개가 잡히고 1개가 남아있다는 뜻이다. 한편, 암반 균열 내에서 수착현상을 특화시켜 살펴볼 때는 기준을 단위 무게보다 균열단위 표면적으로 평가하는 것이 더 유용하다. 그래서 다음과 같이 나타낼 수 있다.

$$K_a = \frac{q_a}{C} = \frac{\text{암반균열 단위 표면적 당 수착한 양}}{\text{지하수에 용해되어 있는 양}}$$

두 분배계수 간 상관관계는 단위무게당 표면적을 계산하여 환산할 수 있다.

지연인자遲延因子, Retardation factor, Rf

방사성핵종이 지하매질 내부를 이동하면서 수착현상으로 인해 지하수보다 이동속도가 느려지는 정도를 나타내는 양이 지연인자로, 지하수와 핵종 간 이동속도의 비로 표시한다.

$$R_f = \frac{\text{지하수 유속}(U_w)}{\text{핵종이동 속도}(U_n)}$$

여기서 w는 지하수, n은 핵종을 나타낸다. 핵종이 지하수보다 이동속도가 느린 이유는 핵종이 매질에 수착하기 때문이다. 그러면, 지연인자Rf와 분배계수 간 상관관계를 구해보자.

$$R_f = \frac{U_w}{U_n} = 1 + \frac{2}{\delta}k_a$$

여기서, δ는 균열폭, K_a는 표면적 기준 분배계수이다. 위의 식은 핵종이동 지연인자를 핵종수착현상만 고려한 것인데, 실제에서는 확산을 포함한 분산으로도 핵종 이동이 지연되므로 이를 포함해야만 지연인자 값을 계산할 수 있다.

수리전도도 水理傳導度, hydraulic conductivity, K

흙이나 암석에서 단위시간당 단위면적을 통과하는 물의 부피로 정의된다. 단위가 m/s이므로 단위시간당 물의 이동거리라고 쉽게 생각하면 된다. 투수계수라고도 한다.

표 6.2
완충재 및 암석에서 핵종분배계수 및 확산계수 [6.9]

핵종	분배계수 (Kd, ml/g)		확산계수 (m²/s)	
	완충제	암석	완충제	암석
Am	300	100	7.3×10^{-15}	5×10^{-18}
Cl	0	0	9.5×10^{-11}	2×10^{-11}
Cs	200	500	5.7×10^{-13}	6×10^{-16}
I	0	0	4.8×10^{-11}	5×10^{-11}
Pu	300	500	5.5×10^{-15}	3×10^{-18}
Sr	50	100	8.5×10^{-12}	6×10^{-14}
Tc	10	10	9.5×10^{-11}	8×10^{-12}
Th	300	200	5.5×10^{-15}	5×10^{-19}
U	50	30	1.8×10^{-13}	3×10^{-18}

6.3
처분장의 다중방벽

　　땅속 깊숙한 곳에 방사성폐기물을 묻고 지상으로 탈출하지 못하게 하려면 어떤 방식을 써야 할까? 독성이 강한 고준위폐기물에 대한 안전성 확보가 가장 중요한 과제이므로 이를 중심으로 살펴보자.

　사람은 죽어서 무덤에 들어가면 일생이 끝나지만, 방사성폐기물은 땅속에 묻힌 후에도 제2의 삶이 있다. 고대 이집트에서는 왕이 죽으면 거대한 피라미드를 지어 왕이 그 속에서 제2의 삶을 영위할 수 있게 하였고, 그 누구도 이 안에 침범하지 못하도록 그 시대 최고의 지식과 기술을 총동원해 복잡한 구조를 설계하고 미로형 시설을 건설하였다. 방폐물도 지하무덤에 들어가면 끝이 아니라 그 속에서 구세주가 나타날 날을 기다린다. 바로 지하수가 그들에겐 구세주다. 지하수가 처분장 안으로 스며들어오면 물을 타고 지하세계의 온갖 장벽을 뚫고 지상으로 살아나올 수 있다. 그래서 방폐물은 지상에 있을 때 못지않게 땅속에 묻은 후에도 철저한 감시가 필요하고, 지하무덤을 피라미드처럼 이 시대 최고의 과학기술력을 총동원해 지으려고 노력하고 있다.

깊은 지하에 짓는 처분장은 지하수를 차단하고 방사성핵종들이 탈출하지 못하게 겹겹이 여러 가지 방벽으로 차단한다. 이를 다중방벽多重防壁, multiple barrier이라 한다. 우선, 첫째로 방사성핵종들은 폐기물 고화체 속에 고체상태로 포획되어 있다. 이 고화체가 지하수에 녹아야만 탈출할 수 있다. 두 번째는 처분용기 내에 갇혀있다. 용기가 부식되거나 물리적 파손이 일어나야 지하수가 침입하고 핵종을 용해시켜 탈출할 수 있다. 세 번째는 진흙 완충재다. 사람이나 동물이 늪에 빠지면 헤어 나오기 힘들 듯이 진흙층에서는 물이나 핵종이 빠져나오는 것이 무척 어렵다. 다음으로 가장 긴 암반층이다. 지하수는 주로 암반균열을 통해 흐르는데, 이 균열면이 핵종들을 포획한다. 이 암반층을 뚫고 올라와야만 지상 생태계에 도달한다. 이제 이 방벽들을 하나씩 살펴보자.

그림 6.5 고준위폐기물 처분 다중방벽 개념도. 금속저장용기에 담긴 사용후핵연료는 다시 구리처분용기에 담겨 심부지하 처분공에 정착되고 주변은 벤토나이트 점토로 메운다. 처분장이 위치한 심도 500m는 대부분 암반층이다.

원자력과 방사성폐기물

"병 속에 든 새"란 유명한 불교공안이 있다. 당나라 관리였던 이고가 어느 날 남전에게 물었다.

"여기 병 속에 새가 한 마리 들어있다. 처음엔 작아 병 입구를 자유롭게 드나들었으나 세월이 흘러 몸집이 커져 좁은 병 입구로는 드나들 수 없게 되었다. 어떻게 새를 병 밖으로 끄집어낼 수 있을까? 병이 깨져도 안 되고 새가 다쳐도 안 된다. 일러보라!"

참 어려운 문제다. 거의 불가능하기에 공안이고 몇백 년을 내려오며 전해지고 있다. 그런데 아예 불가능한 문제는 아니다. 그동안 몇 깨달은 선사들이 이 문제를 풀었다고 전해지니까. 내가 만난 어떤 분은 큰 깨달음을 얻은 듯 이렇게 말한다.

"이 문제를 구경꾼의 입장에서는 절대 풀 수 없네. 스스로 병 속의 새가 되어야 나갈 수 있지".

하지만, 병 속의 새가 되어 보려고 해도 잘 되지 않는다.

자, 그럼 여기서 조금 각도를 달리한 문제에 도전해 보자. 이제는 새가 병 속에 든 것이 아니라, 새를 거푸집 속에 넣고 뜨겁게 녹인 유리를 부어 새가 유리 블록 안에 들어있다고 해보자. 물론 새는 죽었겠지만. 어떻게 새를 온전하게 끄집어낼 수 있을까? 아무래도 병 속의 새를 꺼낸 선사들이 나서야 할 것 같다. 여러분을 위해 이 문제의 마스터키를 드리겠다. 바로 시간이다. 당신 살아생전에는 이 새를 끄집어낼 수 없을 것 같다. 그러나 이 과제를 당신 자손들에게 물려주어 대대손손 무릎 꿇고 앉아 뚫어지게 병 속의 새를 쳐다보고 있으면 어느 날 새가 튀어나온다. 자, 그럼 언제 튀어나올 지 계산해 보자.

그림 6.6 병속에 든 새 꺼내기(왼쪽) 와 유리블럭 안에 있는 새 꺼내기(오른쪽)

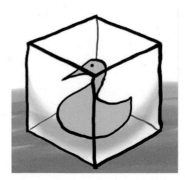

예제를 풀어 보자. 각 면이 10cm인 유리주사위가 있다. 그 안에 작은 새가 들어있다. 이제 이 병을 물속에 담그고 쳐다보자. 왜냐면 공기보다 물속에서 유리가 더 잘 녹으니까. 물속에서 유리의 침출률은 대략 $0.1g/m^2day$ 이다. 그러니까 이 유리 육면체는 하루에 물속에서 $0.00001g$씩 녹는다. 유리의 비중은 약 $2.2g/ml$이다. 다 녹으려면 얼마나 걸리나. 계산해 보면 약 6만 년이다. 필자의 시조할아버지 되시는 박혁거세가 BC 60년경에 사셨던 것으로 알려져 있으니 약 2,100년 전이다. 한참 더 올라가 6만 년이면 구석기시대에 해당한다. 그림6.3을 보며 시간규모와 지구 역사를 다시 한번 생각해 보시라.

원자력과 방사성폐기물

폐기물 고화체의 수명

폐기물 고화체는 충격에 강하고 물리·화학적으로 안정되어야 한다. 특히, 지하수로의 침출률이 낮아야 한다. 4장의 처리공정에서 살펴보았듯이, 유리의 견고함을 이용해 고준위 방사성 폐기물을 유리 덩어리로 만든다. 주로 재처리 시 나오는 고준위 액체 폐기물을 유리 고화체로 만든다. 그러면 이 고화체는 얼마 동안 안전할까? 대략 200L 드럼통 크기 고화체는 지름 56cm, 높이 90cm 수준이다. 앞의 예를 보면 몇 만 년을 견딜 것 같은데, 실제로 그럴지는 아무도 보장할 수 없다. 내일 일도 모르는데 어찌 6만 년 후의 일을 알겠는가? 그래도, 타당한 추정을 해야 하니 아인슈타인이 한 사고실험과 비슷하게 우리도 합리적인 설정을 해 보자.

그럼, 이제 유리 한 개가 아니라 만 개를 생각해 보자. 어떤 건 불량품이라 쉽게 깨지거나, 안에 기포가 많아 유리가 녹아내리는 시간이 훨씬 짧아질 수도 있고, 사고로 떨어져 깨질 수도 있다. 이렇게 갖가지 나쁜 일들이 다양하게 일어난다고 보고, 이를 종합해 보면 유리 고화체의 평균 수명을 예상할 수 있다. 이를 과학적으로는 보수적 평가라 한다. 미래에 새가 유리 속에서 나올 수 있는 시간을 예측하는 것처럼 어떤 사건이 발생할 확률을 예측하는 것은 많은 불확실성 때문에 한 가지로 꼭 집어 단정 지을 수 없다. 앞의 예를 보면 평균 6만 년이 예상되나, 빠를 경우에는 지금 당장 나올 수도 있고, 느릴 경우에는 백만 년이 걸릴 수도 있다. 유리 고화체에서 방사성핵종이 녹아 나오는 시간을 보수적 평가로는 짧게 잡아 1,000년 수준으로 본다.

병 속에 든 새를 예로 든 것은 유리 고화체가 녹는 데 걸리는 시간 수준을 가늠하기 위한 것이었고, 실제 처분조건에서는 고화체 표면에서부터 방사성핵종이 장시간에 걸쳐 조금씩 녹아 나온다. 고화체가 침출되면 안에 갇혀있던 방사성핵종들이 용해된다. 중저준위폐기물의 경우 대부분 시멘트 고화체로 되어있다. 시멘트 침출률은 유리보다 약 1,000배 높은 수준이어서 1,000배 정도 빠르게 지하수가 침투하여 방사성핵종들을 용해시킨다. 중저준위폐기물에는 스트론튬, 세슘 등 핵분열생성물이 대부분이고 용해도가 높지만 상대적으로 반감기가 짧아 수백 년 후에는 대부분 소멸한다.

사용후핵연료는 우라늄핵연료 자체가 금속덩어리이다. 또, 이 핵연료봉을 지르코늄관이 싸고 있다. 그러므로 지하수가 이 지르코늄관을 부식시키고 핵연료를 녹여내기 위해서는 유리 고화체와 같은 수준의 시간이 필요하다. 핵연료가 지하수에 용해되더라도 지하 환경에 따라 재침전 되기도 하는데, 용해도는 산화환원 조건, pH, 탄산염 농도 및 온도 등에 의해 영향을 받으며 장반감기인 악티늄족은 대부분 지하 500m 깊이 저산소조건에서는 용해도가 아주 낮아 지하수에 녹더라도 다시 고체로 침전되는 비율이 높다.

처분용기

처분용기는 방사성핵종이 밖으로 빠져나가지 못하게 막는 중요한 보루이므로 여러 가지를 고려해야 하는데, 가장 중요한 것은 부식되어 구멍이 뚫리는 일이 잘 일어나지 말아야 한다. 두께

원자력과 방사성폐기물

가 두꺼우면 용기 수명도 늘어나겠지만 폐기물을 넣고 처분장까지 수송도 해야 하므로 취급도 용이해야 한다. 국가마다 처분환경이 다르므로 이에 특성화된 처분용기들을 개발하고 있다. 미국은 넓은 대륙에 지하수 흐름이 미미한 사막지대가 있으므로 이곳에 처분장을 건설할 계획을 세우고 있는데, 지하 깊숙이 들어갈 필요가 없어 산속에 터널을 파서 처분장을 세울 계획이다. 그러면, 처분장의 지화학조건이 산화환경이므로 금속산화, 즉 부식이 잘 일어난다. 그래서 부식억제력이 좋은 고가의 합금Alloy-22을 개발하였다. 스웨덴은 지하 500m 환원환경에 사용후핵연료를 직접 처분하는 방식으로 10만 년 이상 방사성핵종을 격리하게 설계목표를 잡아, 처분용기도 내부는 철, 외부는 두께 7cm 구리를 사용해 처분용기 수명도 10만 년이 되게 하였다. 구리는 산화조건에서 μm/yr 속도로 부식하는데, 심부지하 환원조건에서는 이보다 훨씬 느리다. 사용후핵연료를 재처리하는 나라들은 고준위폐기물에 장반감기핵종들이 적어 용기수명을 1,000년 수준으로 설계해, 프랑스, 스위스, 일본 같은 경우는 탄소강 위주 용기를 사용한다. 처분용기의 수명은 두 가지 사건에 의해 결정된다. 하나는 용기파손으로 처음부터 불량품이거나 이송 중 파손된 경우다. 물론 극히 일부에 해당할 것이다.

수명을 결정하는 주된 작용은 용기의 부식으로 구멍이 뚫려 지하수가 침투하는 것이다. 국내 처분용기로는 현재 탄소강을 기반으로 외부에 구리를 1cm 두께로 접합한 재질을 개발하고 있다. 구리를 사용하는 이유는 구리가 상대적으로 저렴하면서 부식률이 낮기 때문이다. 국내실험결과 참고[6.9]를 보면, 부식률이 약

0.12μm/yr로서 구리용기 1cm를 부식시키는 데 약 8만 년이 소요된다. 극한조건에서 구리부식속도를 크게 보면 연간 1mm 정도 되는데, 천 년이면 약 0.1cm, 만 년 후면 1cm로 용기외부 구리층이 다 부식된다고 볼 수 있다. 그러나 안전성 평가에서는 일부가 처음부터 파손이 일어난다고 보아 0~100,000년 사이로 분포한다고 계산한다.

완충재 성능과 핵종이동

방사성폐기물이 들어있는 처분용기를 처분장 동굴 암반층에 구덩이를 파고 그 안에 넣고 나면 암반벽과 폐기물 용기 간 공간이 존재한다. 이 빈 공간을 진흙粘土으로 채우는데 이를 완충재라고 한다. 완충재는 낮은 수리전도도와 핵종이동저지능을 가지는 게 중요하다. 그래야 지하수와 방사성핵종의 유출입을 억제할 수 있다. 핵종이동저지능은 앞서 설명한 분배계수^{Kd}가 크고 확산계수^{D}가 작은 물질을 택하면 된다. 그 밖에도 열전도도가 높아야 핵연료 발생열을 외부로 잘 전도시킬 수 있다. 여기에는 광물명으로 몬모릴로나이트montmorillonite라는 팽창성이 좋은 진흙을 사용하는데, 상품명으로 벤토나이트라고 한다. 팽창성이란 물이 점토에 스며들면 미세 점토광물 내 판형격자들이 전기적인 작용으로 벌어져 광물 전체가 팽창하는 성질이다. 팽창성이 좋은 진흙을 쓰는 이유는 지하수의 이동을 억제하기 때문이다. 처음에 폐기물을 암반층 구덩이에 넣을 때는 지하수가 없지만, 폐기물을 다 처분하고 나서 동굴 공간을 폐쇄하고 나면, 자연적으로 서서히 지하수가 침입하게 된다. 그런데, 지하수가 이 진흙과 닿으면,

조그만 틈새가 있었더라도 부풀어 오르려는 성질 때문에 물이 침투할 공간이 없게 된다.

그래도 아주 느리지만 서서히 물 분자가 점토 내로 침투한다. 이 점토매질 내 광물덩어리 사이사이를 헤집고 이동하는 과정을 확산擴散, diffusion이라고 한다. 확산하는 능력은 핵종의 물리·화학적 성질과 환경조건에 따라 차이가 있다. 점토 내를 확산해가는 속도를 계량하는 것이 확산계수다. 물은 점토에서 확산계수가 $1 \times 10^{-2} m^2/yr$ 정도다. 해석하면, 일 년에 $0.01 m^2$ 정도 퍼지고, 1,000년에 $10 m^2$ 정도 퍼진다. 일반적으로 음전기를 띠는 요오드I나 테크니슘Tc 같은 핵종들은 점토에서 확산속도가 물보다 느리다. 음이온은 $4 \times 10^{-4} m^2/yr$ 범위에 있다. 즉, 1,000년에 $0.4 m^2$ 정도 퍼진다. 완충재 점토 두께는 30cm 정도를 예상하는데, 음이온이 이 점토층을 뚫고 나오는데 약 1,000년이 걸리는 셈이다. 왜 음이온은 물보다 점토 내에서 이동하는 속도가 느릴까? 점토나 암석의 표면은 대체로 전기적으로 음극을 띠는데, 이 광물표면과 음이온은 서로 배척하는 성질 때문에 μm 수준인 좁은 광물 구멍 사이를 통과하기 어렵기 때문이다. 자석이 같은 극끼리 밀치는 것과 같은 효과다.

한편, 세슘, 스트론튬 같은 양이온들은 광물표면과 친화력이 좋아 대부분은 표면에 달라붙는다. 즉, 수착한다. 그런데 한번 달라붙으면 영원히 그대로 붙어있는 것이 아니고 일부는 다시 광물표면에서 떨어져 조금 더 이동하다가 다시 다른 표면에 달라붙는 과정을 반복하면서 조금씩 전진한다. 그래서 물이나 음이온보다 확산이동속도가 상당히 느리다. 핵종별로 수착능에 차이가 있으므로 확산계수도 다르지만 대체로 $1{\sim}10{\times}10^{-6}m^2/yr$ 범위에 있다. 즉, 1,000년에 $0.01m^2$ 정도 퍼진다. 그래서 점토층을 통과하는 데 만 년 이상 걸린다. 물론 평균적인 수치이고, 실제에는 폭넓은 이동속도분포를 가질 것이다. 즉, 땅속에 처분된 방사성핵종의 입장에서 살펴보면, 핵종들이 탈출하기 위해 일단 지하수가 암반층과 점토층을 뚫고 들어와 용기를 부식시키고 고화체를 녹이게 되면, 비로소 방사성핵종들이 지하수를 타고 바깥으로 빠져나가게 되는데, 고화체에서 용해되고 파손된 용기를 관통한 핵종이 완충재를 통과하는 데 몇 만 년 단위의 시간이 걸린다는 말이다.

전기적으로 같은 극성이면 서로 밀쳐내고, 다른 극성끼리는 서로 잡아당기는 이치는 원자 수준에서뿐만 아니라 거시적 세상사에도 적용되는 분야가 많은 것 같다. 이들 몇 가지 예를 살펴보면서, 방사성핵종이 전기적 물성에 따라 다른 거동 양태를 보이는 것을 이해해 보도록 하자.

우리 집 마당에 수놈 풍산개 한 마리를 키우고 있다. 가끔 줄 풀린 동네 개들이 우리 집을 지나가는데, 수놈이면 어김없이 동네 떠나갈 듯이 서로 짖어대면서 우리 집 개와 한바탕 싸운다. 아마도, 영역싸움이거나 골목대장 자리를 놓고 싸우는 것 같다. 그런데 암놈이면 큰 소리 내는 걸 들은 적이 없다. 서로 꼬리를 살랑살랑 흔들면서 그렇게 정다울 수가 없다. 뜻이 맞으면 부부의 인연도 맺는다. 인간 세상도 마찬가지라 다들 경험이 많을 테니 생략하자.

완충재를 통과하는 핵종을 이해하기 위해, TV 프로그램 중 가족오락관이나 연예인들이 나와서 하는 장애물 통과 시합을 생각해 보자. 선수가 장애물 속에 들어오면 밀어서 넘어뜨린다. 완충재 공극들의 크기는 대개 μm 수준이거나 더 작다. 그런데, 핵종들은 nm 수준이다. 약 1,000배 정도 작다. 완충재 공극 동굴은 벽이 온통 음극 가시들로 가득 차 있다. 음이온은 이 장애물 가시 속을 서로 찔러대서 거의 통과 못 한다. 이 현상을 음이온 배척효과라고 한다. 하지만 일부 음이온은 떠밀려 들어가 다행히 동굴 벽에 부딪히지 않고 가운데로만 잘 빠져나가는 행운을 얻는다. 한편, 양이온은 동굴 벽의 음극 가시들을 좋아한다. 그래서 동굴에 들어온 양이온은 음극에 붙어 세월을 보낸다. 즉, 이동이 지연되는 것이다. 한편, 물 분자는 중성이라 전혀 이에 개의치 않는다. 그래서 물이 가장 빨리 이동한다.

암반 균열 층에서의 이동은 어떨까? 비슷하지만 조금 다르다. 다른 예로, 선창가 선술집들이 즐비한 골목길을 걸어가 보자. 이제 술 취한 한 남성이 이 골목길에 들어섰다. 무사히 이 골목을 통과할 수 있을까? 아마도 선술집에서 돈이 다 털린 다음에야 이 골목을 빠져나갈 것이다. 돈이 적으면 빨리, 돈이 많으면 새벽녘에야 나올 것이다. 이제 물이 흐르는 암반 균열 층으로 가 보자. 균열의 크기는 mm 수준이 많다. 핵종 크기보다 백만 배 이상인 넓은 길이다. 균열면에는 온통 음극으로 가득 차 있다. 양이온이 이 틈 안으로 들어오면 당장 음극들이 끌어당겨 붙잡힌다. 얼마나 오랫동안 붙어 있을까? 선술집 남자가 가진 돈에 비례해 머무는 시간이 결정되듯이, 양이온이 머무는 시간은 핵종의 수착능이 결정한다. 수착능이 작으면 붙었다 떨어졌다 하면서 조금씩 진행하고, 수착능이 크면 한군데 붙어서 잘 떨어지지 않고 이동하지 못한다. 그럼, 음이온 핵종은 어떻게 될까? 균열면의 벽에 음극들이 밀쳐서 벽면 가까이 접근하지 못한다. 그런데, 완충재에서보다는 지나갈 길이 1,000배는 넓다. 그래서 완충재 공극 터널처럼 막혀서 못 가는 것이 아니라, 넓은 길 가운데로 재빨리 빠져나간다. 선술집 골목을 여성이 지나가면 아무도 거들떠보지 않고, 지나가는 사람도 빠른 걸음으로 골목을 빠져나오는 것과 같다. 즉, 균열면의 벽에 음이온 배척효과로 물보다 더 빨리 이동한다. 완충재에서와는 반대되는 현상이다.

이제 관광지에서 목표지점까지 가는데 골목길이 하나가 아니고 거미줄처럼 복잡하게 얽혀있는 동네라고 하자. 처음 가는 길이면 이 골목 저 골목 헤매기 일쑤다. 음이온도 하나가 아니고 백 개라고 하자. 골목 하나하나에서는 물보다 조금 빨리 이동하지만, 온 사방을 헤집고 다니다 보니 빠른 애들은 목적지에 도착했어도 아직도 많은 수가 동네 골목길을 헤집고 있을 것이다. 이것을 분산효과라고 한다. 실제 지하 암반 균열 층은 복잡하게 3차원으로 얽힌 균열그물망 형태를 띠고 있어 음이온들은 분산효과로 인해 이동이 지연된다.

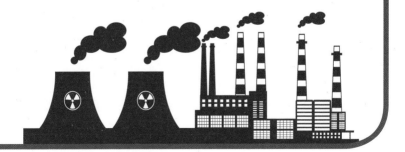

암반층에서 핵종이동

처분장 지질은 지각 운동이나 화산활동 등으로 생기는 자연재해가 생기지 않을 지역을 골라야 하고, 장기간 지질 안정성을 유지해야 한다. 활성 단층이나 큰 단열대가 처분장 인근에 없어야 한다. 또한, 광물자원이 매장되어 있거나 다른 활용가치가 높은 지역은 피해야 한다. 처분 수백 년 후, 처분장에 대한 정보는 손실되고, 후대인들이 광물자원을 캐기 위해 처분장에 시추공을 뚫을 가능성도 있기 때문이다.

우리나라 지질은 흙으로 덮인 지표층은 대부분 10m 이내이고 그다음부터는 전부 암반층이다. 처분 후 시간이 경과함에 따라 폐기물 고화체와 이를 보호하는 인공 방벽이 어떤 시점에 그 기능을 상실하는 경우, 방사성핵종들은 지하수에 녹아 나와 암반층에 도달한다. 심도 500m 깊이에 처분장이 있다면, 핵종들의 암반층에서 생태계까지 이동 거리는 최소한 500m가 될 것이다. 그래서 암반층은 방사성물질의 이동 경로 대부분을 차지하며, 지층 처분의 최후 방벽의 역할을 담당한다. 암반 덩어리는 투수계수가 매우 낮아 지하수가 거의 이동하지 않고, 지진 등으로 암반층이 갈라진 균열을 통해 오염물질이 주로 이동한다. 지하수가 흐르는 통로는 단면이 0.1mm 수준인 좁은 균열 틈부터 수 미터에 이르는 파쇄대까지 다양하다. 방사성핵종들은 지하수에 용해되어 흘러가므로, 지하수의 이동속도와 같을 거라고 생각하지만 그렇지 않다. 핵종의 물리 · 화학적 특성에 따라, 지하수 내 용존 물질이나 암반표면과 다양한 반응을 하게 되고, 이로

원자력과 방사성폐기물

인해 이동이 지연된다. 핵종들의 이동지연 효과는 처분 안전성 평가에 아주 핵심적인 요소이므로 조금 자세히 살펴보자.

지하수가 흐르는 균열면을 도식으로 다음 페이지 그림 6.7에 나타내었다. 평평하고 좁은 균열을 지하수가 흘러갈 때를 개념도로 그린 것인데, 실제 균열은 그림처럼 단순하지 않고, 풍화된 광물과 퇴적물 등으로 꽉 채워져 있다고 보는 것이 더 타당하다. 이 균열에서 핵종은 이류移流, advection와 분산分散, dispersion작용으로 지하수를 따라가면서 이동한다. 암반 균열면은 전기적으로 표면이 음이온을 띠고 있다. 그러므로 지하수 중 양이온은 전기적 인력에 이끌려 암반표면에 달라붙는다. 또한 암반표면과 화학작용으로 결합하기도 한다. 이런 현상을 통틀어 수착이라고 한다. 그뿐 아니라, 화강암 같은 결정질 암반은 공극률이 0.003 정도로 육안으로는 관찰이 힘들지만 물 분자는 쉽게 이 공극에 들어가 확산한다. 방사성핵종들도 따라 확산해 들어가 곳곳에 수착된다. 지화학적 조건에 따라 악티늄족의 경우 다양한 화학종을 가지며, 때로는 콜로이드를 형성하거나, 암반균열 내에 존재하는 미생물의 대사작용에 포함되기도 하여, 복잡한 이동과정을 거치게 된다. 그러면서, 지하수보다 이동속도가 느려지는 지연遲延, retardation 현상이 나타난다.

그림 6.7

암반균열 내에서 지하수 흐름을 타고 이동하는 방사성핵종. 암반표면에 달라붙는 수착, 암반매질 내 확산 등으로 이동이 지연된다.

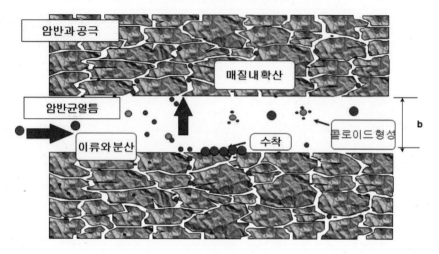

원자력과 방사성폐기물

지하 암반균열 층에서 방사성핵종의 실제 이동현상을 관찰하고 평가하기 위해 각 변이 1m 수준이 되는 자연균열암반을 사용한 실험계획을 세웠다. 그런데 균열이 벌어지지 않은 채로 온전한 암석 덩어리를 구해 연구소로 가져오는 일은 막상 너무 막막한 작업이었다. 자연균열암반을 찾기 위해 전국의 채석장을 헤집고 다녔다. 그러나 대부분 문전박대받기 일쑤였다. 채석업자들은 대부분 균열 없는 신선한 암반만이 관심대상이고, 물 흐르는 균열암반은 기피 대상일 뿐만 아니라, 채석장 한구석에 산더미로 쌓여 있는 파석대에 접근하는 일조차 위험한 일이라 근처에 얼씬도 못 하게 하였다. 더구나 연구원은 돈 되는 사람이 아니었다. 그런 난관 속에서 채석장목록을 들고 이리저리 전국 채석장을 떠돌다 보니 저절로 인생수련이 되었다. 부처가 득도한 것도 이 동네 저 동네 수많은 공양수련의 결과임이 분명해 보인다.

　낙숫물이 바위를 뚫듯이, 수많은 채석장 앞에서 조아린 끝에 국가연구개발사업에 기여하는 데 삶의 보람을 느끼는 구세주를 만나 소원을 풀게 되었다. 경기도 포천에 있는 채석장이었는데, 이곳 사장님에게 지금이라도 과학기술개발 공헌상을 드리고 싶다.

그분은 우리 이야기를 듣더니 작업현장으로 가서 전체 작업을 중단시켜버리고, 작업 중이던 대형 중장비를 동원해 균열이 생겨버린 거대한 암석대에서 우리가 원하는 것을 찾도록 해주었는데, 하루 종일 찾아도 끝내 딱 맞아떨어지는 것을 찾을 수 없었다. 이 사장님이 제정신이 돌아오기 전에 빨리 찾아내야 하는데 조급한 마음을 삭이며 곰곰이 생각해 보니, 이곳에서는 암석 채취를 위해 암반대에 화약을 장착해 발파하니, 균열대가 벌어지지 않고 어찌 견디랴! 얄궂은 운명에 눈물을 머금고 하산, 아랫동네 선술집에서 눈물인지 빗물인지 막걸리인지 모를 액체를 밤늦게까지 들이켰다. 선진국에서는 심부 500m에 지하시험시설을 건설해놓고 터널 내 암반균열 층에서 다이아몬드 줄톱으로 균열암반을 절단해 실험용으로 채취한다. 화약발파로 충격을 주지 않으니 깔끔하게 균열면이 벌어지지 않고 절단된다. 아! 국가역량이라는 게 이런 인프라의 차이로구나. 후진국의 설움이여!

자연균열암반에 대해서는 거의 포기하고 인공으로 균열을 만들어 실험 장치를 제작하고 있던 어느 날, 그 사장님이 다시 전화하셨다. 성공 못 하고 그냥 우리를 보냈더니 너무 서운해서 특단의 조치를 취했단다. 가보니, 균열 있는 암반이 드러난 곳을 다이아몬드 줄톱으로 잘라 우리에게 주겠단다. 아, 이분은 분명 과학연구란 바이러스에 전염된 것이 틀림없다. 연구원이 특별히 자금지원을 해주는 것도 아니고, 시간이 돈인 사람이고 사업인데 왜 이러시는가 했다. 그분 덕에 조심스레 하루 종일 작업해서 크게 자른 암반을 다시 암석가공 공장으로 조심스레 가져와 1m 크기로 만들 수 있었다.

그런데 톤 규모의 이 암석들을 산에서 연구소로 충격을 주지 않고 운반하는 일도 만만치 않은 과제였다 일반암석 운반과는 차원이 다른 운반방법을 고안해야 한다. 흔들리거나 충격을 받으면 암반균열이 쉽게 쩍 벌어질 수 있기 때문에 충격에 약한 골동품 다루듯이 충격흡수 장치와 단계별 운반, 하역 방안을 고안해야 했다. 또한, 실험장치 제작 시 암반상부에서 정확히 균열면까지만 균열면을 상하지 않게 하면서 아홉 개의 구멍을 뚫어야 하는데, 지극히 조심스럽고 정밀한 작업을 요구한다. 이런 과정을 거쳐 드디어 그림 6.8과 같은 실험장치 제작을 완료하였다. 첫해에는 산화된 지표지하수를 사용해 실험하였고 다음 해에는 심부지하 환원조건을 만들기 위해 실험장치 전체를 밀폐시키고 산소를 차단한 다음, 지하에서 끌어올린 환원상태 지하수를 사용해 핵종이동 실험을 수행하였다.

실험결과는 각 핵종의 물리·화학적 성질에 따라 다른 양상을 명확히 보여주므로 다시 본문에서는 이를 좀 더 살펴보자.

암반균열에서 핵종이동 실험

지하처분장에서 고화체, 용기, 완충재 등 인공방벽은 핵종 누출방지가 주 기능이고, 핵종의 주된 이동 경로인 암반층에서는 핵종이동지연이 주된 관심사다. 처분 안전성 평가에서는 이 핵종이동지연 효과가 아주 중요하므로 이를 조금 자세히 살펴보자.

실험장치는 암반균열 상부에서 중간 균열면까지만 시추공을 뚫고, 한 곳에서 핵종들을 주입한 다음, 다른 한쪽으로 빠져나오게 하였다. 나머지 시추공들은 모두 농도, 압력 등 측정 장치가 들어가 있고, 균열 옆면은 모두 밀폐하였다. 핵종이 암반균열면에서 이동하는 거리는 약 1m, 균열 틈은 약 0.2mm이다. 지하수, 음이온$^{Cl^-}$, 양이온$^{Sr^{++}, Co^{++}, Cs^+}$, 우라늄, 토륨 등을 넣고 이동 실험을 하였다.

그림 6.8
연암반균열에서의 핵종이동 실험장치. 상부에서 균열면까지 시추공을 뚫고 핵종들을 주입시키고 옆면은 밀폐하였다.

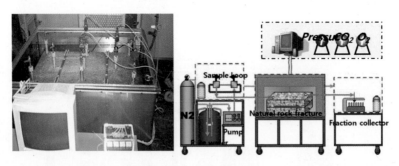

그림 6.9
암반균열에서의 핵종이동 실험결과. (좌) 1m를 흘러 출구에서 농도변화. (우) 유출
축적곡선

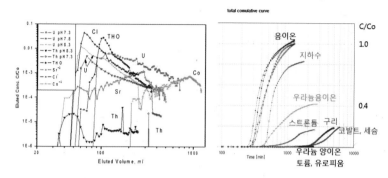

그림 6.9는 이동 실험 결과를 나타낸 것이다. 가로축은 로그
척도로, 암반균열을 관통해 흘러나온 지하수의 양이나 실험시간
으로 나타내었는데, 모두 핵종 이동시간을 표기한다. 세로축은
로그 척도로 단위시간당 핵종들이 흘러나온 양이다. 왼쪽 그림
에서 핵종들의 유출곡선을 시간에 따라 계속 합하면 _{적분하면} 오른
쪽 그림을 얻을 수 있다. 즉, 세로축은 투입량에 대한 유출량으
로 0이면 전혀 유출되지 않은 것이고, 1.0이면 모두 다 나온 것
이다. 왼쪽 그림에서 핵종이 암반균열과 아무런 상호작용이 없
다면 칼처럼 뾰족한 삼각형을 나타낼 텐데, 모든 핵종이 정점을
가지고 넓게 퍼진 형태를 보여준다. 이는 바로 매질 내로의 확
산및 균열표면에서 수착과 탈착이 일어났기 때문이다. THO는
트리튬인데 일반 물로 이해하면 되고 곧 지하수 이동속도를 나
타낸다. 핵종들의 이동속도를 이들 이동곡선 정점 비교로 평가
해 보자. 흥미로운 현상은 음이온^{Cl-, Br-}들이 물보다 더 빨리 이동
한 점이다. 이는 앞에서 설명한 대로 암반균열 내에서 음이온배

척효과에 기인해 mm 크기인 암반 균열 틈을 빨리 빠져나오기 때문이다. 오른쪽 그림을 보면 음이온들은 물보다 빨리 나오면서 유출비도 1.0으로 주입한 양이 모두 다 나왔다. 한편 지하수는 유출비가 1.0에 아직 도달하지 못했는데, 이는 암반매질 내로 확산해 들어간 양 때문이다. 실제 처분 심도에서는 암반층이 3차원 균열 그물망 형태여서 음이온들의 확산 분산효과가 커서 이동이 지연된다. 암반매질 내로의 확산은 지하수 유속에 비례한다. 유속이 느려지면 그만큼 옆으로 빠질 기회가 많아지는 것이다. 지하 500m 깊이에서 지하수의 선속은 대략 일 년에 1m 이동하는 아주 느린 속도다. 지표면 근처에 올수록 지하수 흐름은 빨라진다. 실험에서는 펌프 성능상 10시간에 1m를 움직이는 속도로 실험하였다. 그러므로 더 느리게 실험하였다면, 균열면 내에 체류하는 시간이 더 길어지므로 핵종들의 확산 효과가 더 증대되었을 것이다.

다음으로 물보다 느리게 이동하는 양이온을 살펴보자. 왼쪽 그림에서 스트론튬^{Sr}, 코발트^{Co} 등은 첨두 피크가 나타난 시간이 물보다 훨씬 후이다. 물보다 이동이 많이 지연된 것이다. 또한, 첨두 높이도 물보다 100배 이하로 작다. 그만큼 적게 나왔다. 유출곡선도 아주 넓게 퍼진 모양을 보여, 일부는 수착하고 일부는 매질 내를 확산하면서 이동지연이 폭넓게 나타났음을 보여준다. 이런 현상은 오른쪽 그림을 보면 더 확실하게 파악할 수 있다. 양이온은 음이온이나 물보다 훨씬 더 느리게 나오고 유출비도 아주 작다. 이동 거리가 커지면 이 현상도 더 커질 것이다. 이런 수착성 양이온의 이동지연 효과를 정량적으로 나타내기 위해 지

원자력과 방사성폐기물

연인자[R]를 사용한다. 예로, 스트론튬과 코발트의 이동속도를 물과 비교해 보자. 물은 첨두 피크가 약 100ml에서 나타났다. 스트론튬과 코발트는 각각 290과 900ml에서 나타났다.

지연인자는 물과 핵종과 이동속도의 비이므로, 스트론튬은 290/100=2.9, 코발트는 900/100=9이다. 즉, 스트론튬은 물보다 이동속도가 약 3배 느리고, 코발트는 약 9배 느리다. 하지만 이는 단지 첨두만을 나타낸 것으로 목표 도달 지점에 도달한 총량은 약 100배, 1,000배 적다는 점도 유의해야 한다. 또한, 이동지연인자는 핵종의 수착분배계수[Kd]에 비례한다. 결론적으로 분배계수가 큰 핵종은 지하수에 비해 이동속도가 상당히 느려진다.

위의 실험결과는 1m 길이 암반균열에서 방사성핵종이 이동하는 것을 관찰한 것이고, 실제 암반 균열 층과 깊이에서 이동현상을 관찰하고 평가해야 실제 처분장에서 일어날 현상을 예측하고 안전성을 평가할 수 있을 것이다. 그래서 많은 나라가 심도 500m 수준에서 지하처분실험시설[URL, Underground Research Laboratory]을 건설해 다양한 실험을 수행하고 있다. 우리나라도 사용후핵연료 처분을 위한 장기계획을 수립 중이고, 여기에는 지하시험시설을 건설해 처분기술을 연구하고 입증하기 위한 계획도 포함되어 있다. 2010년을 넘어서면서 선진국에는 미치지 못하지만 우리나라도 처분연구에 필요한 주요 시설을 어느 정도 갖추어가고 있는데, 대전 원자력연구원 내에는 KURT[Korea Underground Research Tunnel]라고 불리는 지하실험시설이 건설되어 여러 가지 실험이 진행 중에 있다. 그러나 실제 처분심도에는 미치지 못하고, 방사성 핵종 대신 안정원소를 가지고 실험하기 때문에 한계가 있다. 이 연구시설은 산속으로 180m 길이 터널을 건설해 암반역학, 지하수 유동, 핵종이동 등 다양한 처분 관련 연구를 수행하고 있다. 관심이 있다면 방문해서 구체적인 연구내용에 대해 설명 받을 수 있다.

그림 6.10 원자력연구원 내 지하처분시험시설(KURT) 전경 및 내부 모습

처분안전성 평가

방사성폐기물을 땅속에 파묻고 나면 이제 안심해도 될까? 혹시 다시 땅 위로 스며 나와 인간에게 피해를 주지 않을까? 철저한 점검이 필요한 사항이다. 다양한 방법을 동원해 이를 정량적으로 평가해, 처분장 설계에서부터 처분부지 평가, 처분시설 인허가, 처분 후 관리기간 동안 환경에 미치는 영향 등을 매 단계 평가한다. 이렇게 방사성폐기물 처분 후 방사성핵종이 유출되어 주변 생태계와 거주민들이 받을 수 있는 방사선으로 인한 위험도를 정량적으로 산출하는 작업을 처분안전성 평가라고 한다. 안전성 평가를 하기 위해,

원자력과 방사성폐기물

첫째로 방사성핵종이 존재하는 수명기간 동안 처분장 안전에 영향을 미치는 어떤 일들이 일어날 수 있을지 모든 경우의 수를 고려해 보고 그중에 가장 심각한 경우를 선정하는 작업을 한다. 기본적으로 처분 후 시간이 경과함에 따라 자연 상태 변화로 처분장 주변에서 어떤 일이 벌어지는지를 살펴보아야 하는데 이를 정상상태 시나리오라고 한다.

다음에는 의도치 않은 사고가 일어나는 경우다. 강한 지진이 일어나서 처분장 내부가 파괴되고 생태계와 연결되는 큰 균열이 생기는 경우, 지각변동이 일어나 처분장이 지표면 위로 솟아오르는 경우, 많은 시간이 경과되면서 처분장에 대한 정보를 상실하고, 처분부지에 우물을 파거나 자원탐사를 위해 시추공을 뚫어 짧은 이동경로가 생기는 경우 등이다. 이런 경우들을 사고 시나리오라고 한다. 정상상태에서는 당연히 방사능이 소멸할 때까지 처분 후 안전이 보장되어야 하지만, 사고가 난 경우에도 합리적인 범위의 피폭 수준이 되도록 처분장을 설계하고 건설해야 한다.

이런 미래 예측 시나리오는 단정적이고 명확한 시점과 현상수준을 정의할 수 없다. 어떤 사건이 발생할 경우를 예측하는 것은 수많은 불확실성 때문에 한 가지로 꼭 집어 단정 지을 수 없다. 이렇게 가능한 모든 경우의 수를 종합해 보면 그림 6.11과 같은 종 모양 분포를 가진다. 가장 발생 확률이 높은 것이 가운데 가장 많이 분포하고 극단적인 경우는 일어날 확률이 극히 낮으므로 바닥에 깔린다. 이런 종 모양의 분포를 수학자 가우스가 정의해 가우스분포라고 한다.

그림 6.11
확률값의 분포.
양극단으로 갈수록 일어날 확률이 적어 종 모양이 된다.

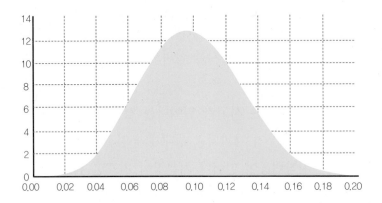

그림 6.12
처분장 개념도. 주요 방벽들과 방사성핵종의 유출경로

　　　　　　　　　　　　　　　　　원자력과 방사성폐기물

처분안전성을 평가할 때, 용기의 수명, 핵종 용해도, 분배계수, 사고 확률 등도 이 같은 확률분포 값을 많이 사용한다. 그래서 먼저 사건 시나리오를 짜고, 다음으로 그림 6.5에 나타낸 것처럼, 각 단위방벽별로 일어날 물리·화학적 현상을 예측하고 수학적 모델을 만든다. 이를 종합하면 그림 6.12와 같이 전체를 조망할 수 있다. 처분 후 시간이 경과함에 따라 지하수가 서서히 처분장에 침투하여, 완충재 내를 확산 관통하여 처분용기를 부식시키고, 부식된 구멍을 통해 용기 내에 있는 방사성핵종을 녹여낸다. 용해된 핵종은 이제 완충재를 관통 확산해 나가서 멀리 암반균열층을 타고 이동해 결국은 지상 생태계로 이동한다. 이제 지하에 갇혀있던 방사성핵종이 지표 생태계로 이동해 나타났으면 이들이 모두 인간에게 피해를 주는 것은 아니다. 방사성핵종으로 오염된 물, 토양, 공기 등에 의한 피폭, 오염된 동식물 섭취, 호흡으로 인한 섭취 등 모든 가능한 생태계 피폭경로를 종합해 계산한다. 다양한 경로를 통해 체내로 들어온 방사성핵종은 제2장 방사성핵종의 물성에서 다룬 대로 체내에서 방사선을 방출해 피해를 주면서 일부는 장기 내로 축적되고 일부는 대사 작용을 통해 빠져나간다. 이 모든 과정을 합산해 계산한 결과가 일반인 선량한도인 연간 1mSv 이하이면 용인해줄 수 있는 조건이 된다. 왜냐면, 지구생태조건상 자연방사선에 의해 인간은 벌써 연간 2.4mSv를 피폭당하면서 살고 있기 때문이다.

6.4
경주 중저준위폐기물 처분장의 안전성

중저준위폐기물 처분장 부지 구하기

1978년부터 원전을 가동하기 시작해 1980년대에 들어서자, 폐기물량이 점점 쌓이면서 처분을 고려해야 할 시점이 오기 시작했다. 처분장은 일반 건물 짓듯이 쉽게 건설할 대상이 아니었다. 몇백 년을 버틸 수 있는 안전성을 확보하는 게 관건이었기 때문에 안정적인 지반을 찾아야 했고, 사회경제적인 관점에서 주민분포나 산업시설 등 검토할 사항이 많아 조사 작업에 10년 이상이 소요될 것으로 예상되기 때문에 2000년대에 처분하기 위해서는 1980년대부터 준비가 필요했다. 그래서 1986년부터 원자력연구소를 중심으로 지질적으로 적합한 부지 예비조사를 시작하였고, 1990년대 초반부터는 원자력환경관리센터를 설립해 본격적으로 처분사업을 시작하였다. 원자력연구원이 예비적으로 조사한 대상 중에서는 동해안 울진, 영덕 인근 지역 등 몇 곳이 처분적합성을 나타낸 것으로 파악되어, 이들 지역을 중심으로 본격적으로 부지조사를 수행하려 하였으나 강한 주민들의 반대에 부딪혀 포기하였다.

내륙에서 처분장 후보지를 구하는 것이 주민들의 반발로 어려워질 것이 예상되자, 섬에 처분하는 방안이 유력한 대안으로 떠올랐다. 처분장이 들어갈 규모만 갖추면 되니, 거주민이 많지 않을 것이고, 만약 주변으로 방사성물질이 유출되어도 바다의 무한한 희석능력이 내륙보다 훨씬 유리하기 때문이다. 그래서 지반만 안정적이고 적합하면 될 것으로 예상되었다.

그렇게 고른 것이 1990년 안면도와 1994년 굴업도였다. 이를 추진하기 위해 정부기관인 원자력위원회에서 후보부지로 의결하고 사업시행을 선언하였다. 그러나 굴업도와 안면도 주민들의 반대가 극심해지고 굴업도 인근에 활성단층이 발견되어 결국 계획을 철회하였다. 이런 몇 번의 실패를 교훈삼아 처분장부지 선정 방식을 바꾸었는데, 바로 지역발전을 약속하면서 주민들의 처분장 유치안을 받는 방식이었다. 그래서 2003년에 대상후보지로 선정된 것이 부안 인근 위도였다.

그러나 부안주민들이 찬반으로 나뉘면서 격렬한 지역분쟁이 생기고 대정부투쟁이 되어 더 이상 사업추진이 어려워진 정부는 또 포기하기에 이르렀다. 계속되는 부지확보 실패는 결국 더 이상 정부주도 밀어붙이기 사업은 힘들다는 것과 주민들과 사전에 충분한 정보교환과 민주적인 의사 토론과 결정 과정 없이는 주민 생활과 환경에 큰 영향을 줄 수 있는 사업은 추진하기가 힘들다는 교훈이었다. 또, 그 과정에서 지역사회가 분열되어 서로 앙숙이 되며 정부 정책에 대한 불신이 깊어간 점이다. 여태까지 부지확보 실패를 교훈으로 삼고 외국사례 등을 참고삼아 정부와 사업주체인 한국수력원자력(주)에서는 부지확보를 위해, 3,000억 원의 지역발전기금을 제공하면서 지자체 유치방식으로 바꾸었다. 2005년에 유치공고를 하고, 포항, 영덕, 군산, 경주 4개 지자체가 유치신청을 하여, 주민투표를 실시한 결과, 경주가 최종부보지로 선정되었다.

그림 6.13
부안주민 방폐장 반대 시위 모습

경주 처분장은 위험할까?

경주지역 방폐장 부지는 원래 신월성 3, 4호기를 건설하기 위한 부지로 선정하였으나, 원전추가 건설계획이 축소되면서 방폐장 부지로 활용하게 되었다. 외국의 경우, 보통 중저준위 처분장은 지표면에 건설하는 것이 일반적이나 처분장 안전성을 높이

원자력과 방사성폐기물

기 위해 그림 6.14과 같은 지하 100m 깊이에 동굴 처분하는 방식을 택하였다. 이는 핀란드의 올킬루오토 처분장이나 스웨덴 SFR 중저준위 처분장과 유사한 동굴 사일로 개념이다. 총 폐기물 80만 드럼 규모의 처분장을 짓기로 하고 1차 10만 드럼 처분사업에 총 1조 5천억 원을 투입해 건설하는 걸 목표로 삼았다. 부지면적은 약 2km²이다. 안전성을 확보하기 위해 원전사업자인 한국수력원자력한수원에서 처분사업을 분리해 정부주관 독립기관으로 방사성폐기물관리공단을 2009년에 조직하였다. 지금은 한국원자력환경공단으로 이름을 바꾸었다. 2015년 8월부터 처분장 운영을 시작하였다.

폐기물은 지하 약 100m 부근에 있는 사일로에 적재하는데, 사일로는 높이 50m, 지름 27m인 원통형 구조물이다. 내진 1등급으로 설계되었다. 폐기물 적재가 완료되면 내부 공간은 쇄석으로 메우고, 입구는 콘크리트로 봉쇄한다.

그림 6.14
경주 처분시설 조감도 및 사일로 내부 모습. (KORAD 자료)

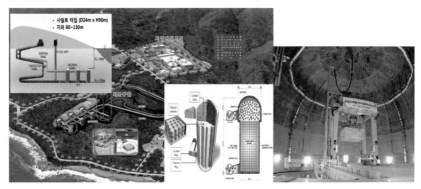

2단계 처분시설은 지하 사일로 방식이 아닌 지상매립방식을 취해 저준위를 처분대상으로 하였다. 지하로 30m 들어가 콘크리트 트렌치를 건설하는 공학적 천층처분 방식이다. 내진성능은 0.3g이고 2020년 준공을 목표로 한다. 12만 드럼 예치 규모다.

환경단체를 중심으로 경주방폐장의 안전성을 염려하고 파쇄대가 발달한 부실한 암반층과 많은 양의 지하수량 때문에 경주방폐장을 곧 방사성물질이 유출될 위험시설로 인식하는 것 같다. 그러나 경주방폐장에 대한 안전성은 여러 가지 실험과 사건 시나리오로 분석해 안전성을 확보한 사안이므로 그렇게 염려할 필요가 없음을 알려드리고 싶다.

일단, 우리나라 토목건설기술이 그리 허술하지 않다. 이미 지하철이나 터널 등 수많은 지하시설을 건설하면서 구조적 안전성이나 지하수 문제, 방수 기술은 충분하다. 다만, 난공사 지역은 시간이 오래 걸리고 자본 투자가 많아진다는 점이다. 안전성 평가 전문기관에서 분석하는 처분안전성 평가는 상식적 수준에서 안전성을 염려하는 분들보다 훨씬 더 다양한 상황을 설정하고 평가한다. 전문적인 안전성 분석은 이미 보고서 형태로 발간되어 있으므로 이를 검토해 보면 되겠고, 여기서는 간단하게 개념적으로 중요한 몇 가지 점들만을 고려해서, 앞에서 다룬 처분방벽에 대한 내용을 여기에 적용해 핵종들의 이동지연 효과가 안전성에 결정적인 역할을 한다는 점을 보여주고자 한다.

사고 시나리오

그림 6.2에 나타낸 대로, 중저준위폐기물은 대부분 핵분열생성물이므로, 약 300년간 잘 관리하면 방사능이 소멸하여 없어지며 이후로는 안전하다. 큰 지각변동 등 자연재해나 사고 없이 시간이 경과하면, 이 또한 안전에 문제가 없다. 극심한 사고 상황을 설정해 보고, 이때에도 안전하다면, 처분장은 안전하다고 결론 내릴 수 있을 것이다. 폐기물을 처분 후 어떤 위험한 일들이 일어날 수 있을지 상상해 보자. 예로, 경주지역에 진도 9.0의 지진이 일어나 폐기물을 보관하고 있는 사일로에 큰 균열이 발생하는 경우를 살펴보자. 아무리 지진이 강해도 지하 내부에 빈틈은 없고 사일로 내부 철근구조물 때문에 사일로가 완전히 파괴될 수는 없고, 지하수가 쉽게 유입될 수 있는 통로가 생기는 수준의 균열 파손이 일어난다. 이것도 처분 100년 후에 일어나면 계산해 볼 필요 없이 안전하고, 처분 초기인 수년 내에 이런 일이 일어날 경우를 상정해야 한다. 그럼 이제 내부 폐기물 드럼에는 어떤 일이 일어날까? 큰 지진으로 지축을 흔들어도 사일로 내부와 드럼은 꽉 채워져 있기 때문에 진동에 파손되는 정도가 약하다. 빈 공간이 크다면 물론 크게 흔들려 손상을 많이 입게 된다. 어쨌든 일부는 파손되고 일부는 찌그러지는데, 문제는 그 비율이다. 사고로 용기 10%가 완전히 파괴되었고 즉각 지하수와 접촉해 핵종이 유출되어 나올 수 있는 환경이 되었다고 가정하고, 그림 6.15에 도시한 단계별로 살펴보자.

방사성핵종에 관심을 두면, 사용후핵연료는 방사능을 정확히 측정할 수 있다. 반면, 중저준위폐기물은 이미 핵종이 다 분산되어 정확한 방사능량을 계산하기 어렵다. 대략적인 추산으로 초기 값을 선정해 보자. 문제를 단순화하기 위해 주요핵종인 세슘만 집중해서 살펴보자. 표 3.3 중준위 핵종은 세슘의 경우 방사능 세기가 톤당 10^{12}베크렐 정도 들어있다고 볼 수 있다. 그래서 처분장 전체에 10^{15}베크렐Bq만큼 처분용기에 들어 있다고 가정하자. 실제로는 이보다 적은 양일 것이다. 그럼 사고로 유출돼 나올 수 있는 양은 1/10인 각각 10^{14}베크렐이다. 나머지는 시간이 지나면서 용기가 부식되어 천천히 나올 것이다.

고화체에서의 핵종유출

이 파손된 드럼으로 지하수가 유입되어 방사성핵종이 지하수에 녹아 유출되게 된다. 그런데, 작업복이나 장갑 등 고체폐기물 통에서는 쉽게 유출이 일어나나 원래 이런 종류에는 방사능이 희박하다. 방사능이 높은 종류는 원래 액체폐기물이었던 것을 시멘트로 고화한 것들이다. 물과 접촉한 표면에 있던 핵종은 쉽게 유출되나 시멘트 표면 두께 1cm만 넘어가도 지하수가 시멘트 내로 확산해 들어가 핵종을 녹이고 다시 빠져나오는 데 상당한 시간이 걸린다. 그래서 조금씩 고화체 표면부터 지하수에 녹아 나온다. 그리고 시멘트는 강한 알칼리성이라 우라늄, 아메리슘 같은 핵종은 알칼리용액에서 용해도가 떨어져 침전해 버린다. 그러면, 시멘트 고화체에서 핵종이 어떤 속도로 녹아 나올까? 시멘트 침출률로 계산하면 상당히 느린 과정이지만, 여기서는 사고로 파괴된 용기 안에 들어있던 핵종은 30년 내에 모두 다 녹아 나온다고 보자. 그러면, 일 년에 평균 3.3×10^{12}베크렐

원자력과 방사성폐기물

이 30년 동안 녹아 나온다. 즉, 일 년에 처분장 전체에서 1/300 만큼 30년 동안 고화체에서 녹아 나온다. 용해된 핵종은 이제 용기를 나와 사일로를 채운 파쇄암석을 만나거나 깨진 사일로 벽 콘크리트와 만난다. 지하수나 음이온들은 쉽게 이 영역을 통과하나, 양이온은 사일로 콘크리트나 빈 공간을 채운 파쇄암석에 수착된다. 표 6.2에 있는 분배계수 측정값에서 세슘은 500이다. 이를 통해 단순하게 세슘은 연간 1/500이 빠져나간다고 볼 수 있다. 약 66억 베크렐$^{6.6 \times 10^9 Bq}$이 사일로를 빠져나온다. 비율로 일 년에 처분장 총량의 1/150,000만큼 처분장 사일로를 빠져나온다.

그림 6.15
처분장 사고시 핵종누출 및 이동 경과

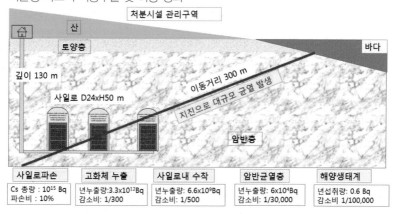

지하 매질에서의 핵종이동 지연효과

이제 지하수에 용해된 방사성핵종은 지하수를 타고 암반균열 층을 통과한다. 환경단체에서 언급하는 지하수 유속 하루 7.5m

는 터널 같이 지상과 연결된 열린 공간에서는 가능하지만, 폐기물을 다 매립한 후, 처분장을 폐쇄하고 나면 더 이상 열린 공간이 없어 지하수 유속은 급격히 느려진다. 비유하자면, 나무 물통에 물을 채우고 아래에 구멍을 뚫으면 물이 급격히 빠져나가는 것과 같다. 지하공간에 터널을 뚫어서 이 터널 위로 수두가 형성되어 있으면, 즉 터널 위까지 지하수가 차 있으면 물통에서와 같이 지하수가 이 터널을 통해 급격히 빠져나온다. 그런데 처분장을 폐쇄하고 나면 더 이상 지상과 연결된 열린 공간이 없어진다. 그러면 지하수는 주변 지역과 수두 평형을 이루면서 멀리 있는 우물이나 샘, 바닷가 유출구 등으로 서서히 이동하는 환경이 형성된다. 이때 지하수 유속은 하루 0.01m 이하 수준이다. 여기서는 유속을 하루에 0.1m로 설정해 보자. 처분장과 생태계 사이를 연결하는 암반균열층이 없고 균일한 암반 덩어리만 있으면 방사성핵종이 암반층을 확산해 나오는 데 워낙 시간이 오래 걸리기 때문에 방사능이 거의 소멸하여 더 이상 계산이 필요 없다.

그래서 직선상 단일 암반균열층이나 파쇄대가 사고로 생겼다고 가정해 보자. 처분장에서 바다까지 최단거리 300m를 가정하면, 약 3,000일[8년]이면 지하수가 도달한다. 그럼 방사성핵종들은 얼마 만에 도달할까? 지연인자로 평가해 보자. 앞서 1m 길이 암반균열을 이동하는 핵종의 지연인자는 스트론튬 약 3, 세슘 약 9였다. 이 관계를 적용하면 스트론튬은 약 9,000일[25년], 세슘은 약 27,000일[74년] 걸린다. 또한, 방사능량도 1m 이동에 수착과 확산으로 약 백 분의 일로 줄어들었으므로, 300m를 이동하면 1/30,000로 줄어든다. 그래서 바닷가 유출구에 핵종이 다다를 때,

세슘은 반감기가 두 번 지나 연간 최고 60,000베크렐이 생태계에 도달한다. 즉, 사고 74년 후, 세슘은 연간 처분 총량에서 최고 1.8×10^{-10} 비율로 처분장을 빠져나온다. 최고 피크 이후로는 핵종의 방사능이 점차 감소되어 유출량도 점점 적어진다.

생태계에서의 피폭

이제 처분장에서 누출된 방사성핵종이 지표 생태계로 이동해 동해에 유출되기 시작한다. 이제 바닷물이 서서히 오염될 차례인데, 바닷물의 희석 능력이 워낙 커서 계산이 쉽지 않다. 바다로 유출된 상당량을 물고기들이 섭취하고 그 물고기들의 상당 비율을 사람들이 잡아 식용한다고 보자. 그래서 이 비율이 유출된 총량의 10%라고 설정하고, 이 방사능을 골고루 나눠 먹은 1kg짜리 물고기 만 마리를 식용한다고 보자. 그러면 식용한 물고기 한 마리당 0.6베크렐에 오염되어 있는 셈이다. 한 사람이 일 년에 오염된 물고기 13마리를 먹는다면 8베크렐을 섭취하는 셈이다. 5장 후쿠시마 사고 편에서, 식품으로 허용하는 방사능량이 세슘 100베크렐$^{bq/kg}$이었고, 이 농도의 오염된 물고기를 연간 13kg 먹었을 때, 피폭량이 0.02mSv였다. 종합해 보면, 처분장 사고 후 각 단계마다 위험도와 비율을 과장해 대략 계산했음에도 경주 중저준위폐기물 처분장은 충분한 안전 확보 능력이 있음을 알 수 있다. 물론 실제 법적 인허가 요건에 부합하는 처분안전성평가는 이런 방식으로 하지 않는다. 여기서는 단지 핵종의 이동지연 효과만으로도 충분히 안전성을 확보할 수 있다는 것을 보여주고자 하였다.

실제 생태계에서의 안전성 계산은 방사성핵종으로 오염된 물, 토양, 공기 등에 의한 피폭, 오염된 동식물 섭취, 호흡으로 인한 섭취 등 모든 가능한 생태계 피폭경로를 종합해 계산한다. 다양한 경로를 통해 체내에 들어온 방사성핵종은 제1장 방사성핵종의 물성에서 다룬 대로 체내에서 방사선을 방출해 피해를 주면서 일부는 장기 내로 축적되고 일부는 대사 작용을 통해 빠져나간다. 이 모든 과정을 합산해 계산한 결과가 일반인 선량한도인 연간 1mSv 이하이면 용인해줄 수 있는 조건이 된다. 왜냐면, 지구생태조건상 자연방사선에 의해 인간은 이미 연간 2.4mSv를 피폭당하면서 살고 있기 때문이다. 실제 인허가 조건에서는 이보다 더 엄격한 규제치를 적용한다. 유럽국가는 처분장 설계치로 0.1mSv/y를 많이 적용한다. [6.17]

음이온 이동과 확산

그런데, 암반매질과 상호작용이 거의 없어 이동지연효과를 기대할 수 없는 핵종들이 있다. 바로 요오드[-129], 테크니슘 같은 음이온들이다. 하지만 실제로는 이들도 몇 가지 작용으로 이동이 지연된다. 첫째는 이동경로에서의 확산과 분산효과, 둘째는 지하수 성분들과 복합물을 형성하여 수착되기도 한다. 이들은 중저준위에서는 함유된 양이 적고, 활성탄 등에 부착되어 있을 뿐만 아니라 시멘트 등으로 고화되어 있어 드럼 내에서 쉽게 빠져나오지 못한다.

그래도 어느 시점에서는 지하수에 용해되어 서서히 빠져나와 암반 균열 사이를 이동하게 되는데, 지화학 환경이 바뀌면 지하수 성분과 반응해 복합물을 형성하며 암반 벽과 상호작용할 가능성이 커진다. 또한, 이동 시 주 이동방향과 어긋나게 암반이나 콘크리트 내부로 확산해 들어가는 양이 있다. 각 변이 1m인 육면체 암석에 물이 얼마나 들어갈까? 암석공극률을 0.005로 보면 약 5L의 물이 들어간다. 즉, 음이온이나 양이온 모두 매질 내부로 확산해 들어가면서 이동이 지연된다. 물론, 음이온 배척효과로 공극의 크기가 μm 이하면 음이온은 이 공극을 확산해 들어가기 어렵고 큰 공극이나 주 이동방향과 어긋난 미세균열을 따라 움직여 이동이 지연된다.

방사성핵종이 위의 과정을 거쳐 바다까지 나오다 보면, 앞에서 살펴본 대로 바닷물의 막대한 희석효과를 고려하지 않아도 이미 생태계에 영향을 미칠 수준 이상의 방사능 유출이 일어나기가 쉽지 않다. 사실 방사성폐기물의 처분안전성을 연구하는 사람들은 중저준위폐기물 처분장의 안전성에는 별 관심이 없다. 아무리 큰 사고 시나리오를 짜 봐도 공학적 방벽시설을 제대로 갖춘다면 안전성을 보장할 수 있기 때문이다. 문제는 고준위폐기물이다.

6.5
우리나라 고준위폐기물 관리대책

국가정책과 방향

　원자로에서 반응효율이 떨어진 핵연료를 꺼냈다고 하자. 그래도 아직까지 우라늄 같은 핵분열물질이 남아있고, 세슘 같은 핵분열생성물에서 수십KW 열을 내고 있기 때문에 수조에 넣어 냉각시키면서 중성자도 함께 차단한다. 5년 정도 냉각시키면, 반감기가 짧은 핵종이 소멸하면서 열이 1/100 수준으로 떨어진다. 그런데, 이제 우리나라에서 원자로를 30년 이상 운전하고, 가동 원자로도 20기가 넘다 보니, 사용후핵연료 관리문제가 현안으로 대두되었다. 원자로 옆에 설치한 저장조도 용량이 다 채워지고 있고, 영원히 저장조에 넣어 둘 수 없으므로 다음 단계의 관리정책을 수립해야 한다. 스웨덴 핀란드 등을 중심으로 한 원자력 선진국에서는 고준위폐기물 처분 연구 및 사업을 국가적 차원에서 진행하고 있다. 우리나라에서도 외국의 선행 정책을 참고하면서 국가 차원의 고준위폐기물 관리정책 수립이 필요한 시점이 되었다.

사용후핵연료 관리는 크게 두 가지 방향이 있다. 하나는 폐기물로 간주하고 심부 지하에 처분하는 방안이다. 미국, 캐나다, 스웨덴, 핀란드 등 많은 나라가 취하는 방식으로, 나라별로 상황에 맞는 처분사업을 진행하고 있다. 특히, 핀란드는 세계 최초로 고준위처분장을 올킬루오토 지역 지하 500m에 건설 중이다. 스웨덴은 포스마크 지역을 처분장 부지로 확정하고 처분장 건설을 위한 절차를 단계적으로 추진하고 있다. 다른 관리방안은 사용후핵연료를 자원으로 재활용하기 위해 재처리하는 방안이다. 사용후핵연료에서 핵분열 반응성이 높은 우라늄-235와 플루토늄-239를 뽑아내 연료로 재사용하고, 나머지는 폐기물로 버리는 방안이다. 프랑스, 러시아, 중국, 일본, 인도 등이 추진하고 있다. 미국은 군사용으로 재처리를 많이 해 왔지만 민간 상업용 원자력시설에서는 재처리를 금하고 직접처분을 도모하고 있다. 이렇게 재처리하여 만든 핵연료는 기존 핵연료와는 물성이 달라 기존 원자로에는 사용할 수 없고 고속증식로에 연료로 쓰는데, 여러 나라에서 개발 중이지만 아직 안전성의 문제로 상용시설로 건설 운영 중인 나라는 없다.

그런데 사용후핵연료에서 핵물질을 분리해내는 재처리기술은 원자탄을 만들기 위한 기술로 활용할 수 있기 때문에 핵확산금지조약으로 기존 핵무기 보유 5개국 외에는 사용하지 못하도록 금지하고 있다. 우리나라도 처분해야 할 사용후핵연료의 양을 줄이고, 사용후핵연료를 자원으로 재활용하기 위한 연구를 수행하고 있다. 우리나라가 연구하고 있는 방향은 건식 전기분해 기술^{Pyro}이다. 좀 더 자세한 내용은 이미 4장 처리편에서 다루었다. 현재, 파이로 공정으로 처리하려는 사용후핵연료는 경수로 핵연료만 해당하기 때문에 중수로에서 나온 사용후핵연료는 직접 처분해야 한다.

우리나라에서 고준위폐기물 처분연구와 관리기획을 위해 많은 토론이 이루어지는 가운데, 다음과 같은 몇 가지 이슈들은 아직도 사회적으로나 기술적으로 논의 중인 문제들이다.

1) 고준위폐기물을 쓰레기로 처분해야 하는가? 재활용이나 다른 방안은?

2) 500m 깊이 지하심부처분은 안전한가? 특히, 10만 년 이상 생태계로부터 격리해야 하는데, 100년 사는 인간들이 이를 관리할 수 있나?

3) 우리나라에 고준위 처분장을 마련할 수 있는가? 중저준위 처분장을 구하는데도 10년 이상 걸렸는데 처분후보지 주민들을 설득할 수 있는가?

이런 고민을 안고 우리나라는 현재 사용후핵연료 직접처분과 파이로 건식 기술을 이용한 재활용기술을 동시에 개발하면서 기술개발 추이와 결과를 종합해 미래 특정 시점에 정책을 조율하는 방식을 취하고 있다.

원자력과 방사성폐기물

이외에도 영구정지 시킨 원전 해체도 중요한 과제로 떠오르고 있다. 고리1호기가 2017년 6월에 영구 정지함에 따라 5년 정도 냉각기간과 단반감기 핵종들이 소멸하기를 기다린다. 이후 원자로 해체 준비를 완료하면, 사용후핵연료를 인출하여 다른 부지에 격리 저장해야 한다. 그러나 우리나라는 아직까지 원전 내 사용후핵연료 임시저장소만 있을 뿐, 원전해체 시 이를 보관할 중앙저장시설 등의 대안이 아직 마련되어 있지 않다. 이제 2020년 대 중반부터 본격적인 원전해체 사업에 돌입할 시점이 된다. 격납용기, 열전달계통 등 발전소 장비는 전부 꺼내 폐기하거나 제염 작업을 해야 한다. 각종 펌프류, 터빈 등 장비들을 모두 제거하게 되면, 본격적인 원전 구조물 해체 철거를 하게 된다. 발생할 폐기물량도 엄청난데 약 6,000톤 규모 폐기물이 발생할 것으로 예상한다. 사업기간도 10년 이상 소요될 것이다. 투자금액도 약 1조 원 수준이 소요될 것이다. 한수원은 고리발전소 해체 경험을 바탕으로 해외 원전해체 사업에 뛰어들 계획을 가지고 있다. 2020년대에 세계적으로 180여 기의 원전이 해체될 운명이다. 발전소 해체 이외에 교육훈련용이나 박물관 등 다른 용도를 개발해 볼 수도 있을 것이다. 2020년대 후반이 되면 추가로 원자로 11기가 영구 정지할 예정이므로 사용후핵연료 중앙 집중관리 제도 확보와 원전해체가 2030년대 원자력계 주요 현안이 될 것이다.

그림 6.16
우라나라 사용후핵연료 관리정책 도식

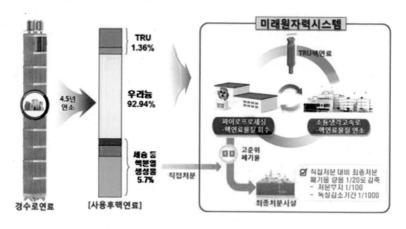

사용후핵연료 발생량과 처분면적

경수로의 경우 현재와 같은 발전설비 비율을 가정할 경우 2100년까지 약 75,000톤, 중수로의 경우 40년 운영 후 약 16,000톤 발생이 예상된다. 모든 사용후핵연료를 직접 처분하기 위해서는 약 20km^2 의 처분 면적이 필요하다. 만약 파이로 처리기술이 성공하여, 경수로 사용후핵연료를 파이로 처리하면 폐기물 발생량이 약 1/20로 감소하며 사용후핵연료 대부분을 차지하는 우라늄 및 초우라늄원소를 회수하여 고속로에서 연료로 재활용하고, 파이로 공정에서 발생하는 핵분열생성물만을 처분하면 된다. 그러면, 처분면적은 1/60~1/100 축소 가능하고, 고준위폐기물의 방사능 독성도 감소 기간을 1/1,000으로 단축 가능하다. 즉, 악티늄 핵종들을 회수하여 고속로에서 연소시킴으로써 처분대상 고준위폐기물의 독성이 천연우라늄 수준으로 감소하는 기간을 30만 년에서 약 300년으로 단축 가능하다.

사용후핵연료 관리 공론화와 사업 추진 일정

우리나라는 2013년에 원자력에너지정책을 담당하는 산업통상자원부가 주관해, 민간기구인 '사용후핵연료 공론화 위원회'를 만들어 원전인근지역 주민을 포함하여 여러 계층의 전문가가 함께 모여 사용후핵연료 관리대책을 논의하였다. 그 결과 2016년에 다음과 같은 건의안을 내었다.

1) 국민안전 최우선 원칙하에 임시저장시설 저장용량초과, 또는 운영허가 기간 만료 전까지 안정적인 저장시설을 마련하여 이송한다.

2) 2051년까지 처분시설 운영을 권고한다. 2020년까지 지하처분연구시설URL부지선정 및 2030년부터 실증연구를 시작한다. 처분시설, 지하시험시설지역에 환경감시센터를 설치하고, 사용후핵연료 연구 및 관리기관을 이 지역으로 이전한다. 처분시설 주변 지역은 자연보존 도시로 개발한다. 처분대상 폐기물에 대해 처분수수료를 부과한다.

3) 지하시험시설부지에 2020년부터 처분 전 보관시설 건설에 착수한다, 불가피한 경우 원전 내 단기저장시설을 설치 가능하다. 원전 내 단기저장시설 설치 시 사용후핵연료 보관비용을 지불한다.

4) 사용후핵연료 특별법 제정 및 관련 법령을 개정하고 기술개발 통합시스템을 구축한다. 사용후핵연료 기술관리공사 설립을

권고한다.

5) 범정부 차원의 의사결정기구인 "^{가칭}사용후핵연료 관계 장관
회의" 및 실무추진단인 "^{가칭}사용후핵연료 관리대책 추진단"을
정부 내 구성토록 한다.

이런 공론화위원회의 권고안에 기초해 산업통상자원부가 주
관하여 앞으로 수행해야 할 업무를 구체적으로 개발하기 위한
다부처 공동연구 기획사업이 추진되고 있다. 공론화 위원회 건
의안보다 다소 늦춰진 사업계획이 수립될 것 같다. 이 중 가장
큰 관건은 처분부지 선정이 될 것이며, 이 추진계획은 앞으로 상
황변화에 따른 유동성이 상당히 클 것으로 예상된다.

추가적으로 언급하고 싶은 것은 지하처분연구시설^{약칭 지하연구시설}
이다. 전 세계적으로 방사성폐기물을 포함한 오염물질 심부처
분관련연구는 실험실에서 단위현상에 대한 관찰 및 자료측정부
터 시작하지만, 이 실험 자료는 실제 처분장 조건을 완벽하게 구
비한 상태에서 측정한 것이 아니므로 자료의 검증과 신뢰도 확
보가 중요해진다. 이런 필요성과 공학적 규모에서 처분시스템의
성능평가를 위해 지하연구시설을 건설하여 관련 연구를 진행하
게 된다.

그렇지만 지하연구시설은 많은 투자비가 들고 환경오염 우려
가 사회적 갈등으로 나타날 가능성도 있다. 처분정책을 시행하
고 있는 나라들은 대부분 처분부지가 결정되기 몇십 년 전부터,
처분시스템 개발과 심부 지하 환경 연구를 수행해 관련 기술을
일차적으로 확보한 다음에, 처분환경에 접근한 일반 지하실험시

원자력과 방사성폐기물

설을 건설하여, 심부지하의 지질과 지화학 물성 연구, 개발한 처분 기술의 실제 규모와 환경에서의 적용성 등을 평가하고 검증한다. 처분부지가 선정되고 나면, 실제 처분 전에 부지 내에 지하실험 시설을 건설해 부지특성 자료를 확보하고, 처분 안전성을 실험 적으로 평가한다.

기초적인 연구와 기술의 적용성을 일반 지하실험시설에서 충 분히 확보하고 나면, 부지특성 지하실험시설에서는 부지의 특성, 인허가를 염두에 둔 실험자료 확보에 주력하게 된다. 그래서 일 반 지하실험시설에서 대부분 기술을 확보하기 위해 장기간 다양 한 실험을 수행한다. 한편, 처분 부지를 초기에 선정한 나라들은 처분 부지 내 지하실험시설을 바로 건설해 운영한다. 공론화 위 원회 권고안에서도 부지 선정과 별도로 일반 지하실험시설을 건 설해 운영할 것을 제안하였다.

6.6
외국의 사용후핵연료
처분 추진 현황

세계 여러 나라가 고준위폐기물 처분연구와 사업을 진행 중이지만, 그 중에서도 가장 빠르게 실제 처분사업이 진행되고 있는 스웨덴과 핀란드 두 나라의 진행사항을 개략적으로 살펴보고자 한다.

핀란드

핀란드는 사용후핵연료의 직접처분을 결정하고, 올킬루오토 Olkiluoto 섬 지역을 처분부지로 확정하였다. 스웨덴에서 개발한 처분설계 개념을 도입해, 처분전담기관인 Posiva는 1999년 결정질 암반 내 400~600m 심도에 사용후핵연료를 지하 처분할 계획을 세우고, 2001년 의회의 승인을 받은 후, 2003년에 처분 시설에 대한 예비 개념 설계를 마쳤다. 2020년 처분시설 운영을 목표로 현재 건설 중에 있다. 올킬루오토는 면적이 약 10km^{2}로 발트 해에 있는 섬으로, 좁은 해협을 경계로 본토와 분리되어 있다.

올킬루오토 섬에는 현재 두 기의 원자로가 가동 중이고, 3호기는 건설 중, 4호기는 계획단계에 있다. 섬의 서부에는 중저준위 폐기물 처분시설이 있다. 사용후핵연료의 처분시설은 섬의 중앙 및 동부지역에 건설될 예정이다. 즉, 올킬루오토 지역은 종합원자력 단지라 할 수 있다. 처분장에 대한 부지특성조사는 항공탐사에서부터 심부시추에 이르기까지 20년 이상 진행되고 있다. 지금도 지표 및 지하시설에서 부지조사가 진행 중이며, 암석역학, 수리지질학, 수리지화학 및 환경영향에 대한 평가를 수행하고 있다.

그림 6.17
핀란드 올킬루오토 지역의 처분장 개념도

올킬루오토가 있는 핀란드 남서부 지역은 대부분은 화강암 및 사암이 분포하지만 올킬루오토 주변 지역은 다양한 변성암이 주로 분포한다. 올킬루오토 지역 대부분은 500m 심도 하부까지

편마암이 분포하고 있다.

핀란드에는 현재 두 기의 비등수형과 두 기의 가압경수로형 원자력발전소총용량 2,656MWe가 가동 중에 있으며, 한 기EPR 1,600MWe를 추가 건설하기 위해 2004년에 발전소의 건설허가를 신청해 놓은 상태이다. 가동 중인 4기로부터 40년간 운전으로 약 2,700톤의 사용후핵연료가 발생 누적될 것으로 예상되지만, 발전소의 추가건설 및 수명 연장에 따라 실제로 누적될 사용후핵연료의 양은 이보다 훨씬 많은 약 5,600톤에 이를 것으로 추정된다.

다른 나라와 마찬가지로 핀란드도 지상시설과 지하시설로 구성하고 있으며, 지하시설은 420m 깊이에 단층으로 배열하도록 하고 있다. 그리고 지상에서 지하 처분장으로의 진입은 수직갱과 진입경사로를 통하여 접근하게 되어 있다. 지하 처분장은 스웨덴과 거의 흡사한 다중방벽의 개념을 채택하고 있으며, 지상시설인 포장시설의 총 포장용량은 12개의 집합체를 수용할 수 있는 구리 재질로 된 용기 3,000여 개가 요구될 것으로 추정하고 있다.

핀란드의 KBS-3 인공방벽 개념은 처분공 내 처분 용기를 벤토나이트로 완전히 충전하는 방법을 적용하고 있다. 완충재로 쓰이는 벤토나이트는 지하수의 흐름을 차단하고 처분 용기를 보호함과 동시에 내부의 방사능 핵종이 외부로 유출되는 것을 차단하는 기능을 가진다. 처분터널 내에서 직경 1.75m의 수직 처분공을 굴착하여 처분 용기를 넣기 전에 직경 1.65m의 디스크

형태의 벤토나이트 블록을 하부에 설치하고 링 형태의 벤토나이트 블록을 쌓아 처분 용기가 들어갈 수 있도록 저장고를 만든다. 처분 용기는 사용후핵연료의 종류에 따라 3.6m, 4.8m, 5.25m 크기의 세 종류가 있으며, 처분 용기를 넣은 후 상부를 다시 디스크 형태의 벤토나이트로 덮는다. 암반과 벤토나이트 블록의 사이의 공간 및 벤토나이트 블록과 처분 용기 사이의 공간은 입상의 벤토나이트로 충전한다.

처분터널의 모든 처분공들이 채워지면 터널 내 가설 콘크리트 바닥, 환기계통, 전기 및 용수공급계통을 모두 철거한 후 뒤채움재로 터널을 채우고 콘크리트 플러그로 막아 완전히 폐쇄한다. 처분 전에 처분기술의 성능검증을 위해 2004년 지하연구시설인 ONKALO를 건설해 도입기술의 타당성과 성능을 지속적으로 평가하고 있다.

스웨덴

스웨덴은 현재 12기의 원자력발전소$^{9.8MWe}$를 가동하고 있으며, 연간 약 250톤의 사용후핵연료가 발생되어 2010년 기준 8,000톤의 사용후핵연료가 누적되어 있다. 사용후핵연료의 약 75%는 비등수형 발전소에서, 나머지는 가업경수로형 발전소에서 발생된다. 이들의 안전관리는 SKB사$^{Swedish Nuclear Fuel and Waste Management Co.}$가 담당하고 있다. 2002년부터 심부 약 500m에 사용후핵연료 처분을 위한 적절한 기반암을 찾기 위해 포스마크와 락세마르 두 지역에 대해 상세 부지 특성조사를 실시하였으며, 2009년 최종 처분장 건설 예정지로 포스마크 지역을 선정하였다. 2019년에 처분장 건설을 시작할 예정이고, 2029년에 폐기물 처분을 시작할 예정이다.

포스마크 지역은 스웨덴의 남동쪽에 위치하고 스톡홀름에서 북쪽으로 약 120km 떨어져 있다. 지형학적으로 구배가 완만하고 제4기 빙하작용으로 형성된 해안가에 위치하고 있다. 상부는 빙하퇴적층이 덮고 있으며, 하부 기반암은 5억 4천만 년 이전에 삭박작용으로 형성된 준평원이 지표면을 따라 국부적으로 노출되어 있다. 퇴적층과 하부 결정질 기반암은 부정합의 형태를 보이고, 두 암종 사이에 지질학적으로 긴 시간 동안 융기와 침식작용이 있었다.

처분장의 용량은 연간 200개의 처분용기를 거치시키며, 총 처분량은 약 4,500개의 처분용기가 될 것이다. 또한, 스웨덴은 사용후핵연료의 직접 처분을 정책으로 결정하여 처분 용기, 처분장 설계 등 작업을 진행해 왔으며 재처리는 고려치 않고 있다.

처분 시스템 개념은 KBS-3로 명명되고 있으며, 이 개념은 스웨덴에서 80년대 초부터 사용후핵연료의 지하처분 방안으로 제시된 개념으로, 지하 500m에 여러 가지 목적의 터널과 갱도로 구성되어 있는 지하시설과 사용후핵연료 수납, 처분용기 포장 등을 위한 지상 처분준비 시설로 나누어져 있다. 지상-지하 시설들은 간단한 물질수송, 환기 및 기타 필요한 것들을 공급/배출하기 위한 두 개의 수직갱과 한 개의 진입경사로를 통해 연결된다. 진입경사로는 지상/지하의 주 수송통로다. 지하시설은 잘 발달한 결정질암층에 위치하게 되는데, 여기서 처분장 주변의 암층은 지하구조물의 주체로서의 역할뿐만 아니라 방사성 물질의 이동 측면에서 자연방벽 역할도 겸하고 있다.

사용후핵연료는 십만 년 동안 건전성을 유지할 수 있는 구리-주철 복합용기에 포장되어 지하시설로 운반된 후 처분갱도 중앙부에 6m 간격으로 천공되어있는 수직처분공직경 1.6m, 깊이 7.58m 에 하나씩 넣는다. 처분용기를 처분공에 넣기 전, 처분공 내에 미리 직경 1.6m의 원판형 벤토나이트 블록을 밑에서부터 약 50cm 두께로 넣은 후, 처분공벽 주위로 두께 35cm의 벤토나이트 블록을 쌓아 1.05m 직경의 처분 용기가 들어갈 수 있는 공간을 만든다. 그리고 처분용기를 벤토나이트 블록으로 둘러싸인 공간에 넣은 후 다시 처분용기 위 1.5m 높이까지 원통형 벤토나이트 블록으로 덮는다. 일단 처분공이 압축 벤토나이트 블록으로 밀봉되면 처분갱도와 수송/저장 터널, 수직갱 등은 모래/벤토나이트 혼합물로 구성된 뒷채움재로 밀봉하는 처분장 폐쇄작업에 돌입한다.

스웨덴의 경우 12개의 비등경수로형 연료가 수납되는 용기와

그림 6.18
스웨덴 사용후핵연료 영구 처분 시스템 개념도

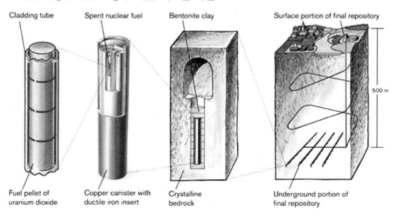

Cladding tube   Spent nuclear fuel   Bentonite clay   Surface portion of final repository

500 m

Fuel pellet of uranium dioxide   Copper canister with ductile iron insert   Crystalline bedrock   Underground portion of final repository

4개의 가압경수로형 용기가 수납되는 용기 등 두 종류를 가지고 있다. 각 캐니스터의 길이는 4.83m, 직경은 1.05m로 구리 뚜껑과 바닥판을 가지고 있다. 부식을 억제하는 역할을 하는 구리 외벽은 두께가 50mm이고 구조적 강건성과 방사성 차폐 역할을 하는 구상 주철은 두께가 100mm다. 연료가 수납되는 공간은 10mm의 강철로 제작한다. 처분용기 수명을 살펴보면, 구리의 경우 100℃ 조건에서 압축 벤토나이트 내부에 거치될 경우 10~20μm/yr의 부식 속도를 나타냈다. 30℃의 조건에서 압축 벤토나이트 내부 거치 시 0.5~3μm/yr의 부식 속도를 가졌다. 가장 극한 조건에서, 구리용기가 부식되어 구멍이 뚫리는 데에는 약 2,500년, 느린 경우는 10만 년이 걸림을 알 수 있다. 지하수는 구리 내부에 있는 10cm 두께 주철용기까지 마저 부식시켜야 비로소 사용후핵연료와 만난다. 스웨덴의 완충재 기본개념은 핀란드와 동일하다. 완충재는 미국 와이오밍에서 생산되는 MX-80 벤토나이트를 사용하며, 10개의 링 형태 벤토나이트 블록을 처분 용기 주변에 설치하고 처분 용기 상하부에 디스크형 블록을 배치한다. 처분용기 상부 빈 공간은 벽돌 모양의 벤토나이트로 채우며 완충재 블록과 시추공벽 사이 슬롯은 벤토나이트 펠렛으로 채운다.

스웨덴은 1977년 스트리파Stripa 폐철광산을 개조하여 지하연구시설을 만들어 1992년까지 다양한 연구를 수행하였고, 이후로는 오스카샴Oskarshamn섬에 지하 450m, 터널 총 길이 약 3,600m의 지하연구시설인 애스페 지하연구시설ÄSPÖ URL을 건설 운영하고 있다. 이 시설은 1995년에 완공하여 실제 처분과 거의 같은 조건에서 각종 실험을 수행하고 있다. 현재 방사성핵종을 사용해서 실험할 수 있는 최상의 연구시설로서 세계 여러 나라에서 공동연구형태로 참여 중이다.

대덕연구단지 풍경

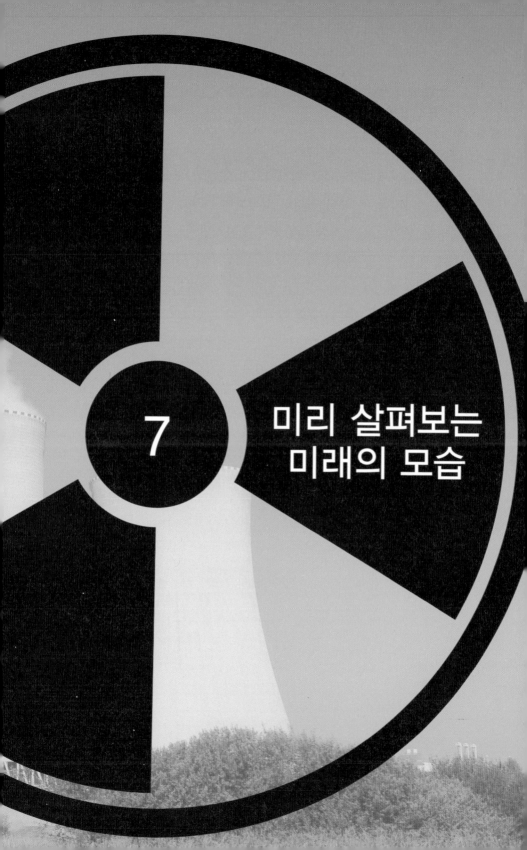

7

미리 살펴보는
미래의 모습

지금까지 방사성물질의 특성과 인체에 미치는 영향, 원자력 사용으로 인해 발생하는 방사성폐기물이 어떻게 발생하고 어떻게 관리되는지 이야기하였다. 더불어 우리나라가 처한 에너지 상황과 원자력발전 현황, 원자력으로 인한 사고도 살펴보았다. 이제 이야기를 두 가지 꼭지로 정리하며 마무리를 짓고자 한다. 하나는 우리나라가 처한 상황에서 원자력발전을 지속해야 하는 가에 대해, 둘은 사용후핵연료 관리방안이다. 최근 들어 원자력 관련 정책기조가 크게 바뀌고 있다. 원자력발전소 증설이나 탈핵 같은 문제를 전문가에게 맡기기보다 소비자격인 일반인에게 의사결정권을 주는 방향으로 가고 있어, 미래 한국을 설계하는 데 시민들의 상식과 견해가 중요해지고 있다.

7.1
원자력발전, 해야 하나

　　체르노빌 사고 이후로 많은 유럽국가가 원자력발전 포기정책을 선언하였다. 일본도 후쿠시마 사고 이후로 원자력발전 포기정책을 발표하여 몇 년간 유지하다가 다시 강화된 안전기준을 적용하면서 원자력발전 정책을 재도입하였다. 우리나라에서는 현 정부가 원전폐지를 정책 방향으로 잡고 있다. 국가정책으로 원자력발전 문제를 결정하기 위해서는 전기 수요량, 위험도뿐만 아니라 향후 산업 동향, 국제 에너지 전망 등 살펴보아야 할 요소가 많다. 그리고 그 결정은 미래에 대한 전망과 가치 결정이 중심축으로 작동하면서 다른 분야를 그물망처럼 잡아당기고 있다. 이 분야의 종합적인 분석과 평가는 전문가들에게 맡기고 우리는 문제를 단순화해 살펴보자. 로버트 프로스트의 "가지 않은 길"은 양 갈래 길에서 가지 않은 길에 대한 회한을 담고 있지만, 우리는 두 갈래 길의 전개양상을 극단적인 경우를 상정해 그려 보자. 그럼, 어느 길을 택해야 할지 판단이 좀 더 서지 않겠는가.

원자력발전 중단 후 에너지원

당장 모든 원자력발전을 중지하는 것은 적절한 에너지 대안을 마련할 수 없어 현실적으로 거의 불가능하다. 탈원전을 선언하고 원자력발전을 단계적으로 멈추면서 대체 에너지를 개발하는 방향으로 가야 한다. 우리나라 총 전력 생산량은 약 60GW 수준인데, 이 중 30%를 원전이 담당하고 있다. 원전을 폐지하고 어떤 에너지원으로 꾸려나갈 수 있을까. 석탄, 석유, 가스발전 등 화석연료로 채워보자. 석탄은 공해유발이 너무 크고, 석유와 천연가스는 에너지안보 측면에서 불안전성이 커서 위험하다. 조금 구체적으로 살펴보자. 100MW 규모 화력발전소 200개를 지어야 하고 수입해야 할 석탄, 석유량도 어마어마하다. 만약 또 석유파동이라도 나면 연료수급에 비상이 걸린다. 더구나 화석연료는 고갈되어 갈 뿐 아니라 인류의 미래를 위해서도 연료로 태우기보다는 공업원료 등 고부가가치 생산에 사용하는 것이 바람직하다. 또한 화력발전은 미세먼지 등 공해유발이 심해지고 이산화탄소CO_2 감소정책과 대립된다. 지구온난화를 막고자 체결한 UN기후변화협약과 뒤따르는 교토의정서에 따라 우리나라도 탄소배출을 계속 줄여나가야 하는데 어렵게 된다.

늘어나는 미세먼지로 인한 기관지 질환 유발도 늘어날 것이다. 화석연료 중 환경 영향이 가장 적은 것은 가스발전인데, 원료가 비싸다. 그만큼 비싼 전기료를 내야 한다. 현재 1kWh당 발전단가는 원자력 68원, 석탄 74원, 가스^{LNG} 101원, 신재생에너지 157원이다. 장기적으로 보면, 신재생에너지는 계속 기술개발 중이므로 가격 하락이 예상되나, 석유와 가스는 국제시세 변동이 심하다. 비싸지는 전기료는 전기요금 인상만으로 끝나지 않는다. 기본 연료비용이므로 대부분 물가에 반영되어 물가 상승과 국내 산업 경쟁력 악화로 나타난다. 악순환의 경제 고리에 빠질 수 있다. 조금이라도 싼 가스를 구하려면, 러시아 극동 가스를 북한을 경유해 가스관으로 연결하는 방안이 있는데, 정치적 이유로 한국 스스로 포기한 실정이다. 일본과 중국은 러시아 가스관 연결 사업을 의욕적으로 추진하고 있다. 현재 원자력 대안으로 가장 큰 대체 에너지원이 천연가스인데, 석유와 천연가스는 공급국이 정치적 이유로 공급을 조절할 경우, 에너지 자립이 되지 못한 국가는 큰 타격을 입는다. 1970년대 석유파동과 최근 러시아가 유럽사회에 가스 공급을 위협한 사례를 생각해 보라. 또, 사고 위험성측면에서 천연가스는 가장 취약한 에너지원이다. 액화가스 저장LNG탱크는 원전보다 훨씬 대형지진에 취약하다. 2011년 일본 도호쿠東北 대지진에 코스모 정유공장에서 액화석유가스LPG가 폭발해 큰 위험을 초래했다. 천연가스를 20%이상 국가 주전력원으로 삼으면 더 많은 가스저장장치 설치와 코앞에 산재한 위험을 감내해야한다. 1994년 아현동 도시가스 폭발사고 교훈을 새겨, 사고대비 체제 구축이 필요하다.

그렇다면 수력발전은 어떨까? 수입해야 할 연료도 필요 없고 청정에너지원으로 자연환경만 잘 이용하면 될 것 같지만 현실은 그렇지 못하다. 우리나라에서 가장 큰 소양강댐 200MW 규모 발전소를 100개 지어야 하는데 하나라도 더 지을 수 있는 강이 있는지 의문이다. 대규모 인공호수로 인해 주변 기후변화, 잦은 안개로 인한 교통사고 증가, 기관지환자 증가 등이 뒤따르게 된다.

　태양, 풍력 등 신재생에너지원은 어떨까? 상대적으로 가장 친환경적인 에너지이지만 대규모 발전에는 역시나 많은 문제점이 드러난다. 발전변동성과 발전소부지 인근 주민과 환경파괴 갈등이 해결하기 어려운 과제다. 김익중이 쓴『한국탈핵』[7.1]을 보면, 우리나라 국토 2%를 태양광 패널로 덮으면 에너지 자립이 가능하다고 한다. 긍정적인 의견이지만 뚜렷한 한계가 있다. 우선, 태양광이나 풍력은 자연조건에 의존하기에 인위적인 제어가 가능하지 않다는 점이다. 그림 7.1에 개념적으로 시간에 따른 태양광발전량, 풍력발전량, 그리고 이 둘을 합한 신재생발전량 합을 그림으로 나타내었다. 태양광발전은 낮에는 발전량이 치솟고 밤에는 바닥으로 떨어진다. 낮에도 비가 오거나 흐리면 발전량이 급격히 떨어진다. 풍력은 강한 바람이 없는 시간엔 발전을 못 한다. 풍속이 3m/sec 이상 되어야 하고 12m/sec가 최적, 25m/sec 이상이면 발전을 정지해야 하고 붕괴의 위험도 있다.

　우리나라는 장마 후 30m/sec 이상의 태풍이 한 번씩 몰아치므로 풍력발전기의 파손도 우려된다. 특히, 밤에 바람 없는 날이 가장 취약하다. 순간적으로 발전량이 바닥으로 떨어진다. 그림에서 분홍색 원 표시를 한 부분이다. 신재생에너지 비율이 높을수록 발전량 변화폭이 커지고, 예비전력이 충분치 않다면 정전 대란이 일어난다. 제철소 용광로가 일시에 멈추고 자동 전자 공정이 멈춰버리면 설비 전체가 파손되어버린다. 이 발전 변동성이 신재생에너지를 국가 기본 에너지원으로 확대할 때 우려되는 가장 큰 약점이다.

원자력과 방사성폐기물

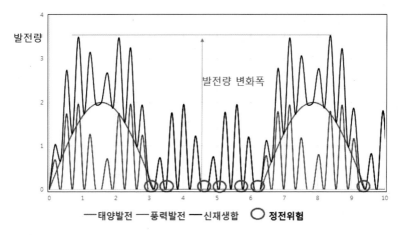

발전량

발전량 변화폭

──태양발전 ──풍력발전 ──신재생합 ◯ 정전위험

그림 7.1
시간에 따른 태양광발전, 풍력발전, 총 신재생에너지 발전 변화 진폭

그러면 이 순간 전기부족을 어떻게 해결할 수 있을까. 현재
산업체에서는 두 가지 기술을 사용한다. 리튬배터리 등을 이용
하여 에너지저장장치ESS, Energy Storage System에 저장했던 에너지를
뽑아 쓰는 방법과 비상디젤발전기를 돌려 전기를 공급하는 방
식이다. 그러나 이 방식은 개별 산업체 수준이지 국가 에너지원
의 10% 이상을 해결해줄 능력은 되지 못한다. 결국 대규모 발전
원이 필요한데, 급속 단전에 급속 발전 속도를 가진 발전원이 없
으므로 발전 변동성만큼 예비전력을 가동해야 한다. 그러면 예
비발전원이 주발전이 되고 신재생은 결국 예비전력 역할을 맡게
된다. 기술적으로는 양수발전이 잉여 에너지 저장과 긴급 출력
에 가장 적합한 기술이나, 신재생발전이 느는 만큼 양수발전도
늘려야 하는데 환경파괴 여론에 증설이 어렵다. 그러면 독일은

어떻게 신재생에너지 비율이 20%를 넘어가는가. 유럽연합 전반을 연결하는 전력망이 해답이다. 신재생에너지가 넘칠 때는 저장이 안 되므로 이웃 국가에 팔고, 기저전력이 부족할 때에는 프랑스에서 사 온다. 독일은 재생에너지만으로도 전기가 남아돌아 외국에 팔거나, 반대로 절대량이 모자라서 사오는 단순구조가 아니다. 유럽 전체가 에너지망으로 연결되어 있어, 우리나라나 일본처럼 에너지 섬으로 고립되어 있는 나라만큼 에너지수급이 절실한 문제가 아니다.

부차적인 신재생에너지의 문제는 대부분의 기술이 그렇듯이 대규모 발전 시설 설치 시 발생하는 환경파괴다. 예로 생활쓰레기를 들어 보자. 인간이 대규모 도시에 모여 살다 보니 이전에는 자연순환이 되던 생활쓰레기가 이제는 막중한 부담이 된다. 태양광, 풍력도 마찬가지다. 국토의 2% 환경이 파괴되면서 태양광은 지역의 식생과 기후를 변화시키고, 풍력도 소음과 함께 식생을 변화시키며, 새들에겐 공포의 시설물이 된다. 고속도로를 건설하거나 터널을 공사할 때 부딪치는 환경파괴 민원을 반추해 보라. 1GW 발전에 필요한 부지를 비교해 보면, 원자력은 $0.6km^2$, 태양광은 $44km^2$, 풍력은 $202km^2$ 정도 소요된다 [1.1]. 간척지 외 내륙 부지확보도 문제다. 실제로 일조량이 많은 땅은 이미 농경지 등으로 사용되어 있어 산림지역으로 파고들다 보니 산림 훼손에, 태양광 모듈에서 발생하는 복사열에 농작물 피해와 농촌 환경 파괴로 주민 반발이 심하다. 태양광 발전 사업이 허가 난 곳 중 절반 이상이 주민 반발로 사업 진행을 못

원자력과 방사성폐기물

그림 7.2
태양광과 풍력 발전 설비가 설치된 모습

하고 있다. 신재생에너지를 연결하는 새로운 송전망 설치도 주민들과 갈등을 겪을 문제다.

발전설비 제조 시 발생 폐기물과 환경오염도 아쉬운 대목이다. 태양전지는 화학처리로 전자회로를 만들어 넣는 공정이라 강산, 갈륨, 비소, 카드뮴 등 유독 폐기물이 발생한다. 풍력발전 터빈

제조에도 희토류원소가 필요해 환경파괴를 야기한다. 전기 자동차가 친환경적이라지만, 전기자동차가 충전할 전기를 석탄발전으로 생산한다면 의미가 반감되는 것과 같은 이치다. 즉, 이 세상에 완벽한 대규모 친환경에너지는 없다. 그래도 상대적으로 가장 안전한 기술이기에 신재생에너지 기술을 국가에서 보조금을 주어서라도 적극적으로 장려하고 개발해야 한다. 그럼에도 현재 한계를 넘으면 이처럼 각종 장애가 도사리고 있다.

더불어 검토해 볼 것이 손정의 일본 소프트뱅크 회장이 제안한 동북아 슈퍼그리드 사업이다. 한국-북한-중국-몽골 4국 합작 재생에너지건설 프로젝트로, 4국이 합자해 드넓은 몽골사막에 거대한 태양광, 풍력 발전시설을 하고, 생산한 전기를 4국이 나누어 쓰는 안이다. 문제는 송전선이 북한을 통과해야 하고, 먼 거리를 전송하느라 전력 손실이 크다는 것이 단점이다. 정치적 해결만 가능하다면 한국에게 매력적인 프로젝트다. 좁은 국토에 발전소 건설 부담이 줄고, 동북아 국가들이 서로 엮이면서 평화체제 구축의 기회가 마련될 수도 있다. 또한, 사막에 발전시설들을 건설하면서 녹화사업을 동시에 진행하면 동북아 황사현상을 줄이는데도 기여할 수 있다.

다음 단계는 에너지 소비를 줄이는 방향이다. 일반생활전기와 산업전력으로 나눠볼 수 있다. 일본은 2011년 후쿠시마 사고 후에 원자력발전을 모두 일시 중단하고 화력발전을 최대한 가동하면서 혹독하게 더운 여름을 보냈다. 대부분 냉방기 작동을 정지시키고 선풍기와 부채로 더위를 이겨나간 것이다. 에어컨이란 문명의 이기를 맛본 사람들에게 냉방기를 잊으라는 것은 혹독

원자력과 방사성폐기물

한 생활이 될 것이다. 우리나라 전력소비비율 중 가정용 전기는 13%인데, 여기서 억지로 줄여도 전체 전기소비량에 큰 절감효과를 기대하기는 힘들다. 산업전력 소비는 더더욱 줄이기 어렵다. 그러나 경제활동을 줄이고 생산을 감소시켜 국가 경제가 위축되는 것을 각오해야 가능하다.

우리나라 산업과 에너지 사용 특성 [7.6]

국가 차원에서 원전폐지정책을 추진하려면, 우선 고려해야 할 점이 국가산업특성이다. 우리나라는 수출지향형 제조업이 주된 사회이다. 제조업 중에서도 자동차, 조선, 제철, 석유화학 등 거대 중화학공업이 주를 이룬다. 이들 산업체는 막대한 에너지를 쓴다. 전자산업도 마찬가지다. 한국의 전력소비비율은 산업용 52%, 공공상업용 32%, 가정용 13%이다. OECD 국가들은 대체로 30% : 30% : 30% 로 비슷한 수준이다. 왜 이런 차이가 날까? OECD 국가들은 20세기 중반부터 에너지 다소비형 중화학공업을 제3세계에 이전하고, 본국은 에너지 저소비형 지식산업사회로 전환하였다. 제조업을 넘겼음에도 자동차 설계, 고부가가치 선박설계, 제약, 특허 등으로 막대한 수익을 창출하고 있다. 이렇게 탈바꿈한 사회에서는 탈원전이 상대적으로 쉽다.

덧붙여 탈원전이란 현실의 한계를 지적하기 위해, 대표적인 탈원전 국가 독일을 살펴보자. 독일은 의욕적으로 태양력, 풍력을 개발을 추진하여 10년간 200조 원을 투자했고 전기요금은 70% 이상 올라 유럽에서 최고수준 전기 요금을 내는 나라가 되었다. 한국이 독일과 같은 투자 능력과 전기 요금을 감당할 능력이 될까? 또, 자연조건에 의지하는 태양력과 풍력의 한계를 극복하기 위해 화석연료 발전을 가동하고, 부족할 때에는 외국에서 전기를 사 오는데, 주수입국이 원자력발전량이 70% 이상인 프랑스다. 즉, 프랑스는 원자력을 발전해 탈원전을 선언한 이웃나라들에 전기를 공급하는 모순된 전기공급체계가 형성되었다.

그러므로 우리나라가 탈원전을 하려면 자연스러운 과정은 거대 중화학공업에서 빠르게 지식기반 산업으로 탈바꿈하면서 에너지 수요량을 대폭 줄이거나, 첨단산업과 수출 위주의 산업을 포기하고 중립평화노선을 선언하면서 티베트나 부탄처럼 자연주의 사회로 돌아가는 방법이 있다. 두 가지 다 현실적으로 가능성이 희박하다. 산업 제조능력은 선진국을 따라잡았다고 하지만, 뒤집어 보면 그들이 내어준 것이고 그들이 주주로 참여하면서 여전히 영향력을 행사하고 있으며, 지식기반 원천기술에 대해서는 한국의 한계가 분명하게 보인다. 치고 올라오는 중국에 지금의 자리마저 추월당해 더 설 자리가 좁아지는 형국이다.

자연주의 사회로의 회귀도 일부 개인이 소규모 공동체를 이뤄 추구할 수는 있겠지만 대다수 국민의 동의는 구하기 어렵다. 국가정책 차원에서도 사방이 강대국으로 둘러싸인 정치지리적 환경에서 자연주의를 선택한 평화중립국으로 존립할 수는 없다. 티베트를 보라. 1950년에 중공군이 몰려와 점령해 버리니 당하는 수밖에 없지 않았던가.

원자력과 방사성폐기물

원자력 진흥정책과 원자력 사고 불안감

원전폐기가 아니라 반대로 원전을 적극적으로 진흥해 원자력 발전이 기축 전력으로 계속 역할을 할 때를 그려보자. 원전관리를 잘하여 큰 사고 없이 운영을 지속한다면, 낮은 전기 생산 단가, 미세먼지 및 이산화탄소 저감, 에너지원 수입료 절감 등의 효과를 누릴 수 있다. 한국경제 발전에 기반이 되어준 요소다. 수반되는 문제는 몇 만 년 관리해야 할 사용후핵연료량이 계속 늘어난다는 점이다. 한국은 40년간 큰 사고 없이 원전 운영을 해왔는데, 혹시 앞으로 사고 날 가능성은 없을까? 이 점이 문제의 핵심이나 누구도 단정적으로 정의할 수 없고, 단지 확률과 만약 사고 시 상황을 예측하며 피해를 추산해 보는 수밖에 없다. 우선 동북아시아 주변 상황을 살펴보자.

그림 7.3
동북아시아 원자력벨트 출처: 동아일보 2011년 4월 5일

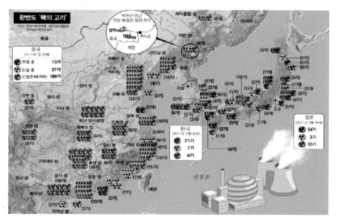

중국, 한국, 일본 해안을 잇는 선은 원자력발전소 밀도가 세계에서 가장 높은 지역이다. 2017년 3월 현재, 일본 57기, 한국 25기, 중국 37기로 총 100여 기가 넘는다. 중국은 앞으로도 원전을 48기 이상 건설할 계획이기 때문에 원전밀도는 더 높아지게 된다. 일본은 앞서 이야기했듯이 원자력을 포기하지 않을 것이다. 대신 노후 원전은 폐기하되 안전성을 한층 강화한 신규원전을 건설할 것이다. 어디에다 지을까? 쓰나미가 밀려오는 태평양 대신 우리나라와 맞보는 동해상에 유치하면 우리에게는 더욱 불안한 요소가 된다. 이 100여 기 원전 중에서 한 곳이 가장 심각한 7등급 사고를 당했다고 보자. 가장 큰 우려는 이 사고가 한국에서 일어나는 경우다. 후쿠시마 원전 사고와 유사한 규모와 피해를 낳을 것이다. 7장 후쿠시마 원전 사고 상황을 되새기면서, 이것을 한국인이 감당할 수 있는가를 판단해 보는 일이다. 이런 의도에서 만든 영화가 "판도라"일 텐데, 너무 과장된 설정이 많아 조목조목 비판하고 싶은 마음이 일지만, 어차피 영화는 상상의 산물이고, 위험은 과장되어 표현해야 하지 않겠는가. 판단은 여러분의 몫이다.

그런데, 확률적으로는 한국에서 사고가 일어날 가능성이 아주 낮다. 표 7.1에 한국과 일본에서 일어나는 지진빈도를 실었다. 한국은 아직 규모 6.0 이상의 지진이 한 번도 없는 데 반해, 일본은 평균 일 년에 10회 수준이다. 자연재해로 큰 사고가 날 확률은 한국이 상대적으로 훨씬 낮다. 또, 몇 번의 큰 원전사고를 겪은 후, 각국은 원전사고 대비책들을 강구해왔기 때문에 사고

표 7.1
한국과 외국의 지진빈도 비교
(통계청 및 한국시설안전공단 자료 편집, 단위 : 횟수/년)

지진규모	3-4	4-5	5-6	6이상
한국	10	0.7	0.1	0
일본	1,200	400	100	10
전 세계	100,000	15,000	3,000	100

가능성이 더 낮아졌다고 볼 수 있다. 대부분 국내 원전은 지진 규모 $6.5^{0.2G}$ 기준으로 설계되었고, 신형 APR1400은 더 강화된 기준을 적용한다. 더불어 새겨 볼 사항은, 일본은 원자력발전소 가동 이후로 큰 재난을 몰고 온 대규모 지진을 꽤 겪었는데, 발전소가 큰 피해를 받은 적이 없다는 사실이다. 그만큼 설계에서부터 기술적 대비책을 갖춘 것이다. 후쿠시마 원전이 예외적 상황인데, 이는 직접적인 지진 피해가 아니고, 지진 여파로 태평양에서 밀려오는 쓰나미에 발전소가 침수되고 전원단절로 생긴 사고였다. 즉, 쓰나미에 대한 대비가 미약했다. 후쿠시마 원전은 방파제 높이가 5.7m였고, 인근의 오나가와 원전은 13m로 설치해 같은 규모의 쓰나미로부터 안전하게 방어했다.

더불어 동북아시아 해안 원전 밀집 현상에 대해서는 바짝 긴장하고 이에 대한 외교적 논의도 함께 해야 할 것이다. 후쿠시마 사고에서 경험했듯이 방사성물질 누출에 따른 오염지역의 불모화, 토양과 농수산물의 방사능 오염, 암이나 기형 발생, 다양한 건강문제 등 원전 사고는 당사국만 아니라 주변국에도 장기적이고 큰 위협이 될 수 있기 때문에 국가 간 연계와 협력이 절대적으로 필요하다.

또한 북한은 계속되는 원자폭탄 실험으로 지하수를 통해 상당 지역이 오염되었을 것으로 예상되며 그 영향은 주변국에도 미칠 수 있기 때문에, 북한도 안전 협의 대상이 되어야 하며, 사고 시 대만도 피해 우려국이 되기에 대만도 포함하여 동북아시아 원자력 협의체가 구성될 필요가 있다. 유럽은 이미 OECD/NEA, Euratom 등 국제협력기구를 만들어 그 기능을 수행하고 있으며 체르노빌 사고 후속처리를 위해 공동대응하고 있다.

이런 우리의 한계와 조건을 인식하고 우리의 미래중장기정책을 수립해야 한다. 이를 위해선 세계 각국의 동향도 참고해 봐야 하는데, 독일, 이태리, 스위스, 벨기에는 탈원전을 선언했고, 영국, 핀란드, 헝가리는 신규 원전을 계획 중이다. 프랑스는 원자력이 국가에너지원의 80%였는데, 마크롱 시대로 접어들면서 50%로 축소 정책을 추진한다. 영국은 탈원전을 시도하다가 신재생에너지 개발에 너무 많은 자금이 소요되자, 원전개발을 재추진하고 있다. 원전 15기를 새로 건설하여 원전 비중을 80% 이상으로 높일 계획이나, 이미 미국처럼 원전 산업이 무너진 후라 외국기술에 의존한 국제입찰로 준비 중이다.

그중에서도 한국이 가장 참고할 나라가 타이완과 일본이다. 두 나라 모두 제조업 위주 국가이고, 인구밀도가 높고 자립에너지원이 없으며 고립된 에너지섬이다. 한국과 아주 유사하다. 먼저 대만을 살펴보자. 민진당의 차이잉원蔡英文 총통은 탈핵을 정책으로 내걸고 2016년 선거에서 당선되었고, 2025년까지 6기의 모든 원전 중단, 건설 중인 7, 8호기 중단을 정책기조로 삼았다. 대신 천연가스 50%, 석탄 30%, 신재생 20%를 목표로 삼았다.

이러한 공약은 후쿠시마 사고 이후로 원전 사고의 불안에 시달리던 국민의 전폭적인 지지를 받았다. 그러나 현실은 원하는 대로 이뤄지지 않았다. 신재생에너지 발전 증가는 급락하는 전력예비율에 전자산업계를 불안에 빠뜨렸고, 천연가스 발전은 전기요금인상에 반발이 거세다. 결국 기존 원전을 가동하는 외에는 다른 방안을 찾지 못하고 있다.

가장 극단적인 경우는 일본이라 할 것이다. 알다시피 일본은 전 국토가 지진 활성대에 놓여있다. 20세기에 들어와서도 1923년 관동대지진, 1995년 고베대지진, 2011년 도호쿠대지진 등 끝이 없다. 그럼에도 불구하고 일본은 원자력 발전소를 50여 기를 운영했고, 후쿠시마 사고 이후에도 안전성을 강화해서라도 다시 원전을 운영하려고 한다. 왜 그럴까? 바로 원자력이 국가의 에너지안보뿐만 아니라 과학기술 역량과 발전 가능성을 담당하는 중요한 축으로 작동하기 때문이다. 다른 자립할 에너지원이 부족한 조건에서 원자력 발전 없이 지금의 세계 최고의 제조산업을 부흥시키기는 힘들었을 것이다.

앞으로 인류문명은 현재의 한계를 극복하기 위해 우주, 심해, 심부지하 탐사 등 극한 조건의 개발을 추구해 나갈 것이다. 이런 미래 과학기술에 원자력이 한 축을 담당하고 있음은 명확하다. 1970년대 한국의 정치 지도층들이 따라한 것이 바로 이 일본 모델이었다. 부족한 한국의 에너지 자원이나 정치경제적 상황을 고려해 원자력발전을 선택하고 집중적으로 발전시켜왔다.

원자력의 위험은 우리 모두 유의하고 적극적으로 감시해야 할 사항이다. 장기적으로는 에너지 저소비국가, 자연에너지 활용국가로 나아가야 할 것이다. 또한, 폭발적인 과학기술의 발전 속도를 볼 때, 새로운 에너지원이나 진보된 원자력 기술이 출현할 가능성도 있다.

원자력과 방사성폐기물

7.2

사용후핵연료 처분시설을 어디에 지어야 하나

　　원전을 폐기하든 원전을 증설 운영하든, 사용후핵연료를 지하에 처분하는 정책을 추진해야 할 시기가 도래했다. 우리나라에서 중저준위폐기물 처분시설을 선정하는 데 1994년부터 2005년까지 10여 년이 걸렸다. 이보다 더 위험한 고준위폐기물 처분장을 원하는 시간 내에 지을 수 있을까? 중저준위폐기물 처분시설 경험으로 볼 때, 쉽게 풀리지 않을 가능성이 더 크다. 본론에서 처분장 선정에 관해 다루었기 때문에 여기서는 부지선정에 인식의 전환을 촉구하면서 마무리하고자 한다. 주로 기술적 요건도 충족하면서 지역주민 반대 등 사회경제적 여건도 괜찮을 것으로 예상되는 부지를 언급해 본다. 경주 중저준위폐기물 처분장 아래 심부에 건설하는 방안은 어떨까? 핀란드가 바로 이런 사례이다. 그러나 한국 정부가 경주 처분장을 유치하면서 고준위폐기물 처분장은 별도로 짓는다고 약속했기 때문에 제약이 있다. 경주 주민들이 찬성해야 고려해 볼 수 있는 사안이다. 수명을 다하고 원자로를 폐쇄하는 고리원전 부지를 활용하는 방안, 처분장 진입구는 해안에 있되 처분장은 바다 아래쪽으로 파서 해수면 500m 아래에 건설하는 해저 처분 방안도 고려해 볼 수 있다. 남북한 협력을 통해 북한지역에 처분장을 확보하는 방안도 생각해 볼 수 있다. 북한에는 인구밀도가 떨어지는 산악지역도 많고, 원폭 실험한 지역도 검토해 볼 소지가 있다. 경제를 중심으로 많은 분야에서 남북한 협력이 침체하는 한국을 살리는 길이라고 주장하는 분들이 많이 있지만, 원자력 분야도 마찬가지다. 예로, 북한에 원자력발전소를 지어주면서, 핵무기 동결, 처분시설 공동 건설 등 상생하는 프로젝트를 운영할 수 있을 것이다. 1994년 북한이 미국과 제네바 합의를 하면서 이와 유사한 카드를 받은 적이 있기 때문에 실현 가능성이 있다.

원자력과 방사성폐기물

인류 멸종인가,
새로운 차원으로 진입인가?

　　약 145억 년 전에 궁극의 한 점에서 에너지의 거대 폭발이 일어나 급격히 팽창하였고, 그 과정에서 물질이 생겨나고 우주가 태어났다고 한다. 이 초기 대폭발 때 생겨난 파장이 온 우주로 퍼져나가면서 지금도 우주배경복사파로 존재하고 이를 인간이 측정할 수 있다고 한다. 유발 하라리는 역저 『사피엔스』[7.8]에서 우주의 역사를 초기 대폭발이 일어나고 핵반응이 활발했던 물리의 시대, 다음에 원자들이 결합하면서 화합물들을 만들어낸 화학의 시대, 그리고, 몇 억 년 전부터 유기체에서 생명이 생겨나 지구에서 번성하기 시작한 생물의 시대로 구분했다.

　　필자는 지금도 있는 우주배경복사처럼 우주의 역사를 원자력의 시대로 이야기하고 싶다. 태초에 거대한 폭발이 일어난 후부터 지금까지도 핵분열반응, 핵융합반응이 우주 곳곳에서의 다양한 별들에서 지금도 일어나고 있는 우주원자력의 시대다. 20세기에는 인간이 이 우주의 이치를 깨닫고 응용하기 시작한 인간

원자력의 시대가 도래했다. 그렇지만 이 시대는 아주 짧을 것 같다. 인간원자력시대는 200년 정도 지속될 것이다. 지금으로부터 120년을 바라보고 있는 셈이다.

왜일까. 몇십 년 내에 인류는 과학기술의 피할 수 없는 두 변곡점 중 하나에 도달할 것이다. 하나는 인류 멸망을 불러올 수도 있는 변곡 특이점singularity으로, 인간이 개발한 핵폭탄으로 자폭하든, 환경오염, 화학물질 중독으로 멸망하든, 슈퍼박테리아로 전멸되든, 상당한 가능성이 우리를 기다리고 있다. 그러면, 지구는 잠깐 암흑기를 거친 후 잠깐 존재했던 인류는 잊고, 서서히 다른 생명체들이 나타나고 번성하기 시작해 또 다른 시대를 열어나갈 것이다. 여기에 원자력발전소 사고로 인한 인류멸종 가능성은 없다. 아무리 큰 발전소 대형 사고라도 지구적 규모의 재난은 아니다. 오히려, 이산화탄소 배출량 증대로 인한 기후변화가 가장 확실성이 높게 다가오는 인류멸망 궤도다. 지금껏 지구 역사에서 6번의 생물계 대멸종의 증거로 제시되는 것이 바로 이산화탄소량의 급격한 증가였다. 화산대폭발이든 혹성충돌이든 대기상에 쏟아진 엄청난 탄소는 기온을 변화시키고, 빙하와 육지를 변화시키고, 산성비, 산성토양, 산성바다를 만들어 생물들을 대량 멸절시켰다. 이번에는 지구상에 새로 나타난 인간이란 생물이 100년 만에 급격히 이산화탄소를 만들어 내기 시작해 스스로를 파국으로 몰고 가고 있다. 각 국가가 인류번영을 위해 무엇을 중점적으로 추구해 나가야 할지 더 강력한 합의가 필요한 시점이다.

또 다른 변곡 특이점은 가속화되는 과학기술의 발달에 힘입어 인간이 새로운 차원의 과학기술 영역에 발을 들여놓는 것이다.

　　　　　　　　　　　　원자력과 방사성폐기물

엄청나게 빠른 속도로 진보하는 생명공학기술은 수십 년 내에 기계와 인간이 결합한 사이보그를 탄생시키고, 인간은 영생과 놀라운 능력을 갖기 위해 스스로 사이보그로 진화해 나갈 수 있다. 인공두뇌로 모든 지식과 정보가 입력되어 우주적 지능을 갖게 되고, 인공장기들은 기능들이 극대화되어, 지금의 우리가 보기에 과히 신적인 존재라 할 만하다. 이런 일들이 우리가 살아생전에 경험할 수 있는 일이 될 가능성이 크다.

두 길 중 인간을 어느 길을 가고 있을까? 이 길을 만들고 있는 건 전적으로 인간들이면서도 인간들은 전혀 모른다. 단지 바로 앞만 바라보며 진격해 나가고 있을 뿐이다. 그러므로 지금 우리가 가고 있는 방향이 어느 쪽인지 항상 예의주시하고 점검해 가야 한다.

7.4
마무리하며

지금까지 이야기한 원자력발전이냐 탈핵이냐에 대한 이야기를 핵심만 추려 간단하게 주제어로 정리하면 다음과 같다.

원자력발전 ⎡ 에너지수급 안정 → 경제적 안정과 발전
         ⎣ 사고와 오염 불안 → 위험한 사회

탈핵–탈석탄 ⎡ 에너지수급 불안정 → 경제적 불안과 부담
          ⎣ 건강한 환경   → 안전한 사회

우리나라는 지금까지 원자력발전에 힘입어 낮은 전기 단가, 경제적 부흥을 이루어 왔다. 그러나 갈수록 심해지는 대기오염과 외국에서 일어난 대형 원자력 사고는 우리를 불안에 떨게 하고 안전 사회를 소망하게 한다.

그래서, 안전한 사회를 갈망하는 정부와 단체들은 탈핵.탈원전을 지향한다. 그러나 앞 절에서 살펴본 대로, 안전사회를 담보하는 에너지원은 없다. 국가규모 전기생산 체계에서는 각기 다른 위험과 편익을 드러낼 뿐이다.

정답은 없다. 자립에너지원이 없는 우리나라로서는 천연가스와 석유 발전 비중을 높이는 것도 에너지안보 측면에서 위험하다. 신재생에너지는 원자력의 불안을 없애주지만, 발전량 요동과 발전소 부지 환경파괴 논란으로 주민과 마찰을 일으키고 있다. 천연가스와 신재생에너지는 다른 유형의 위험과 정치경제적 시련을 안겨줄 것이다. 전기료와 물가상승은 영국과 일본이 탈핵에서 다시 원전 증설로 돌아서게 만들었다. 탈원전의 위험이 원전의 위험보다 더 실질적으로 다가온 것이다. 우리는 어디로 가야할까? 결국 위험을 상쇄하고 기대되는 사회적 편익의 종류를 선택해야하는 갈림길이다.

눈을 들어 세상을 보면, 국제관계도 온갖 위험투성이다. 온세상은 경제전쟁 중이다. 자본주의 대공황이 언제 몰아닥칠지 불안하고, 이를 회피하기 위해 강대국은 약소국을 상대로 한 번씩 양털깎기를 한다. 양털깎기란 자본대국이 약소국에 차관을 제공하여 산업과 부동산 투기를 일으킨 다음, 양털이 적절히 자랐을 때, 자본을 일시에 회수하면 약소국은 경제 거품이 꺼지면서 망하게 되고, 약소국 자산을 헐값에 매입하여 큰 이득을 취하는 방법이다. 중남미나 한국이 당한 IMF사태가 대표적인 사례다. 석유자원 부국들은 석유를 무기로 세상을 흔들어댄다. 러시아는 천연가스를 무기로 유럽을 흔든다. 이 파동에 휩쓸리지 않으려면 다양한 에너지원이 확보되어 있어야 한다.

마무리로 강조하고 싶은 건, 미래를 위해 에너지원 확보와 기술개발에 지속적이고 집중적인 투자가 필요하다는 점이다. 우리나라를 포함해 탈핵을 선언한 나라가 많다. 그중 마땅한 자립에너지원이 없는 한국은 많은 부담을 안고 가야 한다. 인류가 지향해야 하는 것은 부작용과 위험이 최소화된 새로운 에너지원을 개발하고, 신재생에너지기술을 더욱 발전시켜 나가야 한다는 데에는 모두 동의할 것이다.

석탄, 석유 등 화석연료는 에너지원으로 사용하는 대신 고부가가치 산업원료로 사용하고, 원자력도 방사성물질의 위험성을 제거하지 못하는 한 에너지원보다 다른 과학기술적인 용도로만 사용하게 전환하면 얼마나 좋을까. 이상은 높고 현실은 척박한데, 이 보릿고개를 어떻게 넘을까. 무엇을 선택하고 무엇을 버려야 할지 지혜를 모아야 할 때다. 청정에너지 확보의 어려움을 에너지기술 개발에 대한 집중적 관심과 투자를 통해 타파해 나가야 한다. 신재생에너지가 국가 에너지원의 한 축으로 작동하려면, 더욱 향상된 발전효율과 발생에너지 저장기술이 필요하다. 원자력 기술개발 투자도 중요하다. 안전성이 획기적으로 향상된 기술을 개발할 수 있다면 원자력만큼 에너지 밀도가 높은 기술이 없기 때문이다.

원자력과 방사성폐기물

여기까지 원자력의 장단점과 사고의 특성, 방사성폐기물의 특성과 관리 대책 등에 관해 이야기하였다. 이제 한국은 원자력발전 40년을 맞아 그동안 발생한 사용후핵연료 관리대책을 수립해야 한다. 정부에서 조만간 여러 가지 대책을 수립하고 국민의 의견을 물어볼 것이다. 이제 앞으로 한국사회가 직면할 에너지원 확보 문제와 방사성폐기물 관리와 안전성 문제에 여러분이 주체적 의견을 가지는 데 조금이라도 도움이 되거나, 새로운 자극으로 더 깊이 탐구하는 데 조그만 보탬이 되었기를 기대한다.

참고문헌

1장 들어가며

1.1 중앙대 에너지시스템공학부, 원자력지식충전소, 두산동아, 2014.

1.2 나카무라 마사오, 원자력과 환경, 엔북, 2006

1.3 울리히 벡, 위험사회, 새물결, 1997.

1.4 William & Rosemarie Alley, Too hot to touch, Cambridge, 2013.

2장 방사성물질의 성질과 건강

2.1 여화연, 원자력 이론, 일진사, 2011.

2.2 한국원자력연구소, 원자력이론, 원자력연수원, 2009.

2.3 한국원자력연구소, 방사선장해와 방호, 원자력연수원, 2009.

2.4 Herman Cember, Introduction to health physics, 4th ed. McGraw - Hill, 2009.

2.5 James M. Shuler, Understanding radiation science: basic nuclear and health physics, Universal Publisher, 2006.

2.6 인터넷 두산백과 doopedia, http//:terms.naver.com/

2.7 인터넷 다음백과사전, http//:100daum.net/encyclopedia

2.8 Sutcliffe, A., 과학사의 뒷얘기, 정연태 역, 전파과학사, 1973.

2.9 Gamow, George, 물리학을 뒤흔든 30년, 김정흠 역, 전파과학사, 1975.

2.10 이종호, 노벨상이 만든 세상, 나무의 꿈, 2007.

원자력과 방사성폐기물

3장 방사성폐기물의 발생

3.1 이익환, 원자력을 말하다, 대영문화사, 2012.

3.2 국제원자력기구(www.iaea.org) 자료실

4장 방사성폐기물 처리

4.1 Alan Moghissi, Radioactive waste technology, American society of mechanical engineers, 1986.

4.2 IAEA, treatment of low and intermediate level liquid wastes, 1984.

4.3 Robert E. berlin, Radioactive waste management, Wiley, 1989.

4.4 이건재, 핵화학공학, 한국원자력학회, 1990.

4.5 박진호, 핵화학공학, 한스하우스, 2012.

4.6 고원일, 파이로 공정 기술 개발, 한국원자력연구원, KAERI/RR-3860/2014.

5장 원자력 사고와 영향

5.1 Jim T. Smith, Chernobyl: catastrophe and consequences, Springer, 2005.

5.2 IAEA, Environmental consequences of the Chernobyl accident and their remediation, 'Environment, 2006.

5.3 Svetlana Alexievich, 체르노빌의 목소리: 미래의 연대기, 새잎, 2011.

5.4 히로세 다카시 (廣瀨隆), 원전을 멈춰라: 체르노빌이 예언한 후쿠시마, 이음, 2011.

5.5 후나바시 요이치, 후쿠시마 원전 大재앙의 진상 (上, 下) 기파랑, 2014.

5.6 하타무라 요타로, 안전신화의 붕괴: 후쿠시마 원전사고는 왜 일어났나, 미세움, 2015.

5.7 OECD/NEA, Five years after the Fukushima Daiichi Accident :

Nuclear safety improvements and lessons learnt , 2016.

5.8 마쓰오까, 일본 원자력 정책의 실패: 후쿠시마 원전사고대응과정의 검증과 안전규제에 대한 제언, 동일본대지진과 핵재난-와세다 리포트 11, 고려대학교 출판부, 2013 .

5.9 한국원자력안전기술원, 후쿠시마 원전 사고분석, 2013.

5.10 IAEA: the radiological accident in Goiania, 1988.9

5.11 한국원자력안전기술원, 방사선사고, 2015.

5.12 스압, 방사능과 방사선, 그리고 세슘의 무서움, 2016.8.15

5.13 인씽크, http://inthink.tistory.com/15

5.14 일본원자력안전위원회, 우라늄가공공장 임계사고조사위원회 보고서, 1999.

5.15 장순흥, 백원필, 원자력안전, 청문각, 1999.

5.16 김효정, 원자력안전과 규제, 한스하우스, 2012.

5.17 원자력안전위원회, 원자력 안전관리, 2012.

5.18 Carole Gallagher, American ground zero : The secret nuclear war, 1994.

6장 방사성폐기물 처분

6.1 Konrad B. Krauskopf, 방사성폐기물 어떻게 처리할 것인가, 아카넷, 2001 .

6.2 이건재, 방사성폐기물, 그것이 알고 싶다, 과학영상, 1999.

6.3 OECD/NEA, Disposal of radioactive waste: review of safety assessment methods, 1991.

6.4 Tang, Y.S., Radioactive waste management, Hemisphere Pub., 1990.

6.5 Edward L. Gershey, Low level radioactive waste : From cradle to grave, van Nostrand Reinhold, 1990.

6.6 Raymond LeRoy Murray, Understanding radioactive waste,

Batelle Press, 2003.

6.7 IAEA, The principles of Radioactive waste management, 1995.

6.8 방사성폐기물처분연구부, KURT기반 파이로공정 고준위폐기물 처분시스템 개념개발단계 safety case, 한국원자력연구원, KAERI/TR-6732/2016.

6.9 Scott Barney, Geochemical behavior of disposed radioactive waste, American Chemical society, 1984.

6.10 IAEA, Performance assessment for underground radioactive waste disposal systems, 1985.

6.11 IAEA, Safety principles and technical criteria for the underground disposal of high level radioactive wastes, 1989.

6.12 Foo Sun Lau, Radioactivity and nuclear waste disposal, research studies press, 1987.

6.13 James Saling, Radioactive waste management, Taylor and Francis, 2001.

6.14 Neil Chapman, Principles and standards for the disposal of long lived radioactive wastes, Elsevier, 2003.

6.15 Neil Chapman and Ian McKinley, The geological disposal of nuclear waste, John Wiley and Sons, 1987.

6.16 Alexander and McKinley, Deep geological disposal radioactive waste, Elsevier, 2007.

6.17 Roland Pusch, Geological storage of highly radioactive waste, Springer, 2008.

7장 마무리

7.1 김익중, 한국탈핵 : 대한민국 모든 시민들을 위한 탈핵 교과서, 한티재, 2013.

7.2 김기진 외, 한권으로 꿰뚫는 탈핵 : 핵 없는 세상을 위해 함께 만든 교과서, 천주교 창조보전연대, 무명인, 2014.

7.3 김명진 외, 탈핵 : 포스트 후쿠시마와 에너지 전환 시대의 논리, 이매진, 2011.

7.4 김해창, 탈핵으로 가는길 Q&A: 고리1호기 폐쇄가 시작이다, 해성, 2015.

7.5 염광희, 잘가라, 원자력: 독일 탈핵 이야기, 한울아카데미, 2012.

7.6 이기복 외, 원자력 정책개발연구, 한국원자력연구원, KAERI/RR -3829/2014.

7.7 이이다 데츠나리, 원전없는 미래로, 한승동. 양은숙 옮김, 도요새, 2012.

7.8 유발 하라리, 사피엔스, 김영사, 2015 .

원자력과 방사성폐기물

저자 후기

　　원래 이 책을 만든 의도는 방사성폐기물에 대한 이해를 넓혀보고자 함이었다. 이야기를 전개하다 보니 방폐물의 부모격인 원자력을 이해해야 했고, 또 이와 연관된 역사, 정치, 경제 등 여러 분야 이야기도 배경지식으로 필요하다고 느껴 두서없이 늘어놓았다. 원자력과 방사성물질은 여러 가지 다양한 특성을 가진 팔색조 같은 현대문명의 한 축이다. 과학 분야, 의료 진단과 치료, 비파괴검사나 보석 착색 등 다양한 산업분야에서 이용하고 있고, 방사성 전지를 우주탐사에 활용하는 방안 등 흥미진진하고 꿈을 키우는 이야깃거리도 많다. 특히 에너지 자원이 빈약한 우리나라가 원자력발전으로 산업화에 큰 동력을 확보한 내용 등을 접어두고, 반핵단체와 많은 사람이 우려하는 사고와 위험성을 주제로 이야기하다 보니 너무 암울하고 부정적인 인식을 무의식중에 가질까 염려된다. 이들을 주로 다룬 건 구체적인 현상과 내용 이해를 통해 정량적이고 객관적인 인식을 갖고자 함이었다. 글쓴이의 필력이 부족하여 목표를 제대로 달성하지 못한 것 같아 못내 아쉽다.

제1장에서 언급했듯이 인류는 태초로부터 자연재해, 포식자, 미생물 등 온갖 위험으로부터 위협당하면서도 이를 극복하는 지혜를 발휘하며 인류 문명을 이루어 냈다. 이 위험은 계속 종류가 바뀌었을 뿐, 위험 그 자체는 항상 우리 곁에 있었다. 20세기에 등장한 원자력은 백 년 동안 핵폭발하듯 짧은 시간에 인간 생활에 깊숙이 침투해 들어왔지만 많은 사람이 너무 뜨거워 다룰 수가 없으니 포기하고, 자연이 주는 안전하고 친환경적인 태양력과 풍력을 이용하자고 주장한다. 앞으로 인류의 주 에너지원은 어디로 방향을 잡을까? 현재로서는 알 수 없다. 개미들을 보면 하찮은 미물로 보이는데 하나하나가 열심히 움직이면서 거대한 사회를 이루고 지하문명을 건설한다. 인류사회도 이와 비슷하리라. 각자 자기 분야에서 열심히 노력하는 가운데 가장 최적의 선택이 드러날 것이다. 그러나, 이것이 최종의 기술은 아닐 것이다. 여전히 새로운 문제와 위험이 드러나고, 새로운 기술과 개선을 위해 또 다른 노력을 기울여야 할 것이다. 20세기 초에 자동차가 발명되었을 때, 석유로 움직이는 내연기관과 전기로 동력을 전달하는 차가 경합을 벌였으나 값싼 석유가격에 힘입어 내연기관이 100년 동안 세상을 지배했다. 그런데, 이제는 모든 자동차회사가 10년 이내에 전기자동차 회사로 탈바꿈할 것이다. 나아가 대부분 육지 운송수단은 전기를 동력으로 움직일 것이다. 그러면, 더 폭발적으로 많은 전기 생산이 필요하다. 기술은 사회적 여건과 가치관에 따라 선택된다. 21세기 어떤 에너지원이 선

원자력과 방사성폐기물

택받을지, 어떤 기술이 등장할지 궁금해진다.

사고예방의 상대성 이론

세상에는 여러 가지 위험한 물건이 있다. 나도 화학공학을 전공하다 보니 꽤 위험한 물건들을 만지며 살아왔다. 20대 중반에는 휴게실 방담에서 말했듯이 멋모르고 석면을 가지고 살았다. 석면이 온몸에 박혀 시뻘건 종기가 수없이 돋았지만 다행히 아직까지 큰 후유증은 없다. 대학원 석사과정을 마치고 화학회사 연구실에 들어갔다. 주로 제초제 개발 업무를 했는데, 대부분 막강한 독극물을 다룬다. 공정 중에 황산화물 합성 과정이 있는데, 반응물이 혼합되어 하얀 연기를 내뿜으며 둥근 플라스크에 모이기 시작하고 조금 시간이 지나면 바늘 같은 모양의 뾰족하고 하얀 결정이 생겨난다. 그러면 반응이 성공한 것인데, 효율을 개선하느라 다양한 실험을 하였다. 밤에 잘 때면 이 하얀 결정이 내 폐 속을 파고들어 화살 꽂히듯 박히는 꿈을 자주 꾸었다. 무의식 중에도 화학 독극물이 두려웠던 모양이다. 이 회사에서는 화학약품 사고가 잊을 만하면 한 번씩 일어났다. 대부분 안전수칙을 지키지 않아서 발생했다. 손을 잃은 사람, 얼굴을 망가뜨린 사람, 눈을 잃은 사람들이 있었고, 사고 후에는 본업에 복귀하지 못하고 잔일을 하며 회사에 다녔다. 그 사람들 자체가 위험에 대한 경각심을 곁에서 일깨워주는 존재였다. 위험업무는 항상 안전수칙을 먼저 의식하며 정리하고, 두 명 이상이 공동 작업해야 안전을 강화할 수 있다는 것을 뼈저리게 체험하였다. 나름 여러 사고를 경험하면서 만든 나만의 표어가 있다.

"서두르지 말자, 차라리 늦는 게 낫다."

사고는 대부분 급한 마음에 서두르다가 생긴다. 급할수록 마음을 가다듬고, '사고가 내 옆에 바짝 붙어 있구나, 안전수칙대로 더 천천히 가자'며 마음을 다잡고 작업해야 한다. 이것이 내가 만든 사고예방의 상대성 이론이다. 영화를 보면, 결투나 사고의 초고속 장면에서는 화면이 아주 느리게 전개된다. 바로 그 장면을 떠올리며 급할수록 천천히 한 단계씩 밟아가야 한다.

필자는 잠시나마 전자회로 공정에 화학약품으로 표면식각etching하는 공정 개선 업무에도 관여했다. 이 공정은 강산과 독극물로 반도체 표면을 정밀하게 녹여내는 화학공정인데 휘발성이 있어 각별한 안전관리와 설비가 필요하다. 우리나라 전자회사에는 이 공정에 주로 젊은 여성들이 투입되는데, 백혈병 등 질병 발생자가 많아 직업병 인정 여부를 두고 논란이 되고 있어 가슴 아프다. 미국은 1970년대부터 이런 위험이 나타나자 공장을 아시아권으로 이전했다. 한국이 반도체 강국이라 자랑하는 이면의 어두운 그림자이고, 한국 대기업 전자회사 주주들 반은 외국인이란 점을 새겨봐야 한다.

이런 위험공정은 오래지 않아 무인 자동공정으로 대체되리라 예상한다. 원자력연구소에 오자 방사성핵종을 다루며 살게 되었다. 방사성물질이 화학약품과 다른 점은 무색, 무취, 무자극이어서 알아차리기 어렵다는 점이다. 인간의 오감으로 쉽게 알아차리게 하기 위해, 방사성물질에는 표식을 하고, 휴대용 방사선 계측기에는 방사선 세기에 따라 경보음을 울리는 장치가 들어있다. 요즘은 많은 사람들이 방사선에 불안해하니, 이를 응용해 일반인을 위한 방사선 계측기로 간단하게 방사선 세기에 비례한 소리 발생기를 만들어 보급해 보면 어떨까 구상 중이다.

위험 측면에서 세상을 돌아보면 온통 위험투성이다. 많은 사람이 산업재해로 사망한다. 세상이 이렇게 잘 굴러가는 건 우리가 외면하기 쉬운 희생들이 있었기 때문이다. 그들에게 심심甚深한 위로를 표한다. 또한, 방사성폐기물과 원자력 산업계를 안전하게 관리하기 위해 노력하는, 일선에 선 일꾼들과 연구자들의 노력과 애환도 같이 느껴주었으면 더없이 기쁘겠다.

감사의 인사

그동안 고락을 같이했던 연구 동료들에게 감사의 마음을 전한다. 하루에 가장 많은 시간을 같이한 형제 같은 인연들이다.

뜻이 있어 한 가족의 인연으로 맺어져 어려운 시간을 잘 견디어 준 아내 전숙희와 우리 부부에게 삶의 기쁨인 소진, 동녘, 한결에게 사랑을 전하며, 앞으로 펼쳐질 미래를 손잡고 힘차게 함께 갈 수 있음에 더욱 감사한다.

이 책을 쓰도록 독려한 친구인 화가 한명호에게도 감사를 전한다. 이 책은 나 자신이 살아온 과정을 정리하며, 미약하나마 나의 지식을 다른 이들에게 전할 수 있는 좋은 계기가 되었다. 졸저 원고를 흔쾌히 출판해주신 행복에너지 권선복 사장님과 심현우 작가님도 교정 편집하느라 수고가 많으셨다. 삭막한 원고에 예쁜 옷을 입혀 보기좋게 디자인한 서보미 씨로 인해 이 책이 산뜻하게 꾸며졌다.

문 열고 나서는 당신의 내일에 영롱한 햇살이 가득하기를.

출간 후기

눈부신 문명의 발전 원동력인 원자력과
방사성폐기물의 안전한 해법을 이해하여
행복과 긍정의 에너지가
팡팡팡 샘솟으시기를 기원드립니다!

| 권선복
도서출판 행복에너지 대표이사
영상고등학교 운영위원장

지금 우리는 눈부신 발전을 이룩한 문명사회에 살고 있습니다. 그리고 이러한 발전의 이면에는 막대한 양의 에너지 사용이 있습니다. 이렇게 많은 에너지는 어디서 가져오는 걸까요? 현대 인류는 가장 효율적이며 오랫동안 지속 가능한 원자력발전을 주된 에너지 공급원으로 삼고 있습니다. 그러나 방사선에 대한 위험성과 잇따른 원전사고는 사람들을 불안하게 하며 미지의 공포와 불안에 빠뜨리고 말았습니다.

원자력과 방사성폐기물

책 『원자력과 방사성폐기물』은 이렇게 불안에 빠진 일반인을 위해 원자력에 대해서, 그리고 원자력에 얽힌 각국의 역학구조를 친절하게 풀어서 설명해주는 원자력 안내서입니다. 저자는 1978년에 세워진 고리원전을 시작으로 20여 기의 원자력발전소가 가동되고 있는 현실에서, 국민의 경각심과 원전반대 여론이 점차 강해지고 있음을 인식하며 이야기를 풀어나갑니다. 그러나 원전을 포기하고 천연발전과 화력발전에 의존해 국가에너지원을 수립할 때 발생할 수 있는 문제점들을 하나씩 짚으면서 안전한 사회건설에 대한 방향을 진단합니다. 때문에 체르노빌과 후쿠시마 원전사고와 같은 과거의 사례를 통해 "모르고 사용하는" 원자력이 얼마나 위험한지, 반대로 어떻게 처리를 하면 안전한지에 대해 쉽고 체계적인 설명으로 독자들을 안내합니다. 이렇게 저자의 방사능 이야기를 따라다가 보면 어느새 안전하고 친숙한 원자력 발전과 방사성 폐기물이 보이게 될 것입니다.

원자력연구소의 귀중한 일원으로 평생을 원자력과 함께해온 박정균 저자에게 큰 응원의 박수를 보내며, 이 책으로 말미암아 원자력과 방사성폐기물에 대해 일반인들의 이해가 깊어지고 국가에너지정책에 소견을 피력할 수 있는 시민들이 되기를 바랍니다. 또한, 저자의 선한 기운이 이 책을 읽는 분들의 삶에 널리 퍼져 모든 분들의 삶에 행복과 긍정의 에너지가 팡팡팡 샘솟으시기를 기원드립니다.

하루 5분 나를 바꾸는 긍정훈련

행복에너지

**'긍정훈련' 당신의 삶을
행복으로 인도할
최고의, 최후의 '멘토'**

'행복에너지
권선복 대표이사'가 전하는
행복과 긍정의 에너지,
그 삶의 이야기!

인터파크
자기계발 분야 주간
베스트 1위

권선복 지음 | 15,000원

권선복

도서출판 행복에너지 대표
영상고등학교 운영위원장
대통령직속 지역발전위원회
문화복지 전문위원
새마을문고 서울시 강서구 회장
전) 팔팔컴퓨터 전산학원장
전) 강서구의회(도시건설위원장)
아주대학교 공공정책대학원 졸업
충남 논산 출생

책『하루 5분, 나를 바꾸는 긍정훈련 - 행복에너지』는 '긍정훈련' 과정을 통해 삶을 업
그레이드하고 행복을 찾아 나설 것을 독자에게 독려한다.

긍정훈련 과정은 [예행연습] [워밍업] [실전] [강화] [숨고르기] [마무리] 등 총
6단계로 나뉘어 각 단계별 사례를 바탕으로 독자 스스로가 느끼고 배운 것을 직접
실천할 수 있게 하는 데 그 목적을 두고 있다.

그동안 우리가 숱하게 '긍정하는 방법'에 대해 배워왔으면서도 정작 삶에 적용시키
지 못했던 것은, 머리로만 이해하고 실천으로는 옮기지 않았기 때문이다. 이제
삶을 행복하고 아름답게 가꿀 긍정과의 여정, 그 시작을 책과 함께해 보자.

『하루 5분, 나를 바꾸는 긍정훈련 - 행복에너지』